电池热管理

Battery Thermal Management

饶中浩　张国庆　编著

科学出版社

北京

内 容 简 介

　　本书结合作者的部分研究成果,根据相关领域的国内外研究进展,围绕电池的热安全,分别介绍了电池的产热原理、基于不同传热介质的电池热管理方式,详细总结了各种电池热管理方式的基本概念、工作原理,以及电池热管理系统热质传递规律、热管理材料热性能等方面实验研究和数值模拟的重要结论。

　　本书可作为能源与动力、电动汽车、电池等相关专业本科生和研究生的教材或参考书,也适合新能源汽车、动力电池、热管理等领域相关的研究人员和工程技术人员阅读和参考。

图书在版编目(CIP)数据

电池热管理＝Battery Thermal Management/饶中浩,张国庆编著. —北京:科学出版社,2015

ISBN 978-7-03-044863-7

Ⅰ.①电… Ⅱ.①饶… ②张… Ⅲ.①电池-研究 Ⅳ.①TM911

中国版本图书馆 CIP 数据核字(2015)第 126879 号

责任编辑:范运年 / 责任校对:郭瑞芝
责任印制:吴兆东 / 封面设计:铭轩堂

科学出版社 出版
北京东黄城根北街 16 号
邮政编码:100717
http://www.sciencep.com
北京虎彩文化传播有限公司 印刷
科学出版社发行　各地新华书店经销
*
2015 年 7 月第　一　版　开本:720×1000 1/16
2023 年 1 月第七次印刷　印张:11 3/4
字数:220 000
定价:98.00 元
(如有印装质量问题,我社负责调换)

序　一

　　电动汽车、新能源和能源互联网是战略性新兴产业，三大产业的基础都是可充电电池，因此，动力电池和储能电池将成为另一个大产业。电池的种类很多，但从能量密度、循环寿命、成本、环境和能源效率等综合因素考虑，锂离子电池是最佳选择。电池的电化学性能、安全性和可靠性等性能等都显著受到温度的影响，而锂离子电池尤其如此。因此，研究电芯、模块和电池系统的产热和吸热行为，以及不同温度环境下的电池性能，从而设计合理的电池热管理系统，对于电动汽车等战略性新兴产业的发展具有重要意义。

　　电池热管理相关研究工作可追溯到 30 年前，最近几年因为电动汽车和新能源的快速发展又受到广泛关注。电池热管理技术有风冷、液体冷却、热电冷却、热管冷却以及相变材料等多种方式，各有特点，急需对这些研究工作进行系统分析和总结。

　　该书的编著者及其团队多年来致力于电动汽车电池研究及工程化工作，是国内最早开展电池热管理的研究团队之一，其研究工作得到了国内外同行的广泛关注。希望通过这本书的出版，能在一定程度上满足动力电池和储能电池技术发展的需求，对从事电池成组技术开发的研究人员和工程技术人员提供借鉴和参考。

陈立泉

中国科学院物理研究所研究员

（中国工程院院士）

2015 年 6 月 26 日，于北京

序 二

电动汽车之所以成为国家战略性新兴产业,这是因为"发展新能源汽车是我国从汽车大国迈向汽车强国的必由之路"(习近平语);是减少对石油进口的依赖,提高国家战略安全的需要;也是改善环境,提高人们健康水平的保障。我是一名电力工作者,对电网巨大的峰谷差所造成的危害深有体会:它严重影响电网与电厂的安全和经济性。它也象上下班高峰期堵车一样,成为世界性难题。电动汽车可以帮助电网调峰,这对我国和全世界都具有战略性意义。

但是,电动汽车推广应用较为困难,动力电池就是关键制约因素之一。动力电池不但影响电动汽车的使用性能和经济性能,而且目前所使用的锂离子电池还存在燃烧和爆炸的隐患,因此,电池的安全问题已成为当前急需解决的焦点和热点。该书从深层次剖析电池温度对电池的影响,同时提出电池温度控制的解决办法,这对推动电动汽车与电池的发展具有深远的影响。

从上个世纪90年代开始,广东工业大学的张国庆教授长期坚持电动汽车及电池与电池组的研究、试验和生产,具有十分丰富的经验和扎实的理论基础。近年来,他又同中国矿业大学教授饶中浩合作,取得多项研究成果和专利。该书就是他们的经验总结和研究成果的结晶,具有一定的科学价值。

相信该书的出版,可供电池和电动汽车及储能的研究与生产和使用的人员学习和借鉴,同时也可以作为电化学和电动汽车及能源与电力等专业的参考书籍。

中国工程院院士 罗绍基
二零一五年六月于广州

前　　言

电池热管理(battery thermal management)相关研究工作的出现,至今已有30余年的历史,尤其是在近十几年,随着电动汽车的快速发展,动力电池热安全问题也日益突出,电池热管理逐渐成为制约电池发展的关键技术之一,在基础理论和实际应用等方面都取得了较大进步,受到国内外许多学者的关注。

在能源短缺和环境污染等问题的压力下,节能与环保已成为全社会的共识。电动汽车由于在节能和减排方面优势明显,已受到国内外的重视。发展电动汽车,关键是动力电池,而大部分电池的电化学性能和循环寿命受温度的影响显著,温度过高或过低均不利于电池性能的发挥。温度过高,电池容易出现过热、燃烧、爆炸等安全问题;温度过低,电池无法放电或放电深度较浅。因此,合理的电池热管理系统,对于延长动力电池循环寿命,进而推动电动汽车的发展,具有重要意义。

与电子芯片等的散热不同,电池热管理的主要目的既包括通过散热(或冷却)降低电池的温度,同时还须减小电池组/包/模块内部不同单体电池之间的温差,在低温环境下,还包括对电池进行加热或保温。因此,对电池热管理的研究,涉及电池的产热与热量分布规律、电池的结构设计与组装、电池组/包/模块热量的传递与分布等多个方面。经过多年的发展,电池热管理已经成为涵盖传热学、电化学、材料学等多个学科背景的重要领域,在促进上述学科的应用和发展方面发挥着重要作用。

随着电池热管理相关理论和技术的不断发展,对电池进行热管理,既可以从电池自身材料入手,提高电池材料的耐高/低温性能,强化电池内部的传热,也可以从电池外部出发,通过空气强制对流、液体介质流动、相变材料包裹等方式将电池的温度控制在适宜的范围内。热管、热电制冷、冷板等技术的发展也为电池热管理提供了新的思路。

近年来频发的电动汽车着火、燃烧、爆炸等事故,使国内外越来越多的学者和企业技术人员对电池热管理产生兴趣,在与电动汽车领域、电池领域以及传热界的学者和企业技术人员的交流中,我们深切感受到迫切需要一本专门介绍电池热管理相关理论和技术的著作。本书正是基于这一背景而编著。书中包含了编者近十年来所取得的研究成果,同时,根据国内外已有文献,尽可能地对电池热管理的基本方法和原理以及所涉及的材料设计、传热模型等知识进行了全面介绍。

本书共分9章。第1章为绪论。第2章介绍电池的产热原理以及电池热量产生和传递的数学模型。第3~5章详细介绍风冷、液冷、相变材料冷却的电池散热方法的基本原理和常见结构等。第6章详细阐述电池热管理用相变材料的制备、强化传热方法以及材料多尺度热质传递研究的方法。第7章重点介绍基于几种常见热管的电池热管理系统。第8章介绍采用微通道换热器的空调、热电制冷、沸腾冷却等其他制冷原理的电池散热方式。第9章介绍低温环境下电池加热或保温的几种方法。

在本书完稿之际,作者衷心感谢导师——广东工业大学张国庆教授和华南理工大学汪双凤教授。研究生刘臣臻、赵佳腾、霍宇涛、王庆超、陈斌在文献整理、插图制作、文字校对等方面提供了很多帮助,在此一并表示感谢。作者的研究工作还得到了国家自然科学基金(项目编号:51406223)和江苏省自然科学基金(项目编号:BK20140190)的支持,并得益于中国矿业大学良好的工作环境。此外,衷心感谢本书参考文献中所列的全体作者。

饶中浩

2015 年 2 月于中国矿业大学

E-mail:raozhonghao@cumt.edu.cn

目　　录

第1章 绪　　论

1.1　交通能耗概况

随着社会的不断进步和经济的快速发展,全球性能源短缺以及环境污染等问题日益严重。能源与环境问题已经成为危及国家安全的战略问题,直接影响着人类的健康与生存。节约与开发清洁能源、提高能源利用效率、保护和改善环境、促进经济和社会全面协调可持续发展,已成为国际社会的共同责任。

受金融危机的影响,2008 年和 2009 年全球的石油消费量略有下降,但在 2010 年旋即出现回升,2013 年达到 41.85 亿吨。中国是石油消费增长最快的国家,2013 年石油消费量首次突破 5 亿吨,达到 5.074 亿吨,其中进口原油约 2.83 亿吨,对外依存度达 55.77%。预计到 2020 年,中国石油对外依存度将达到 56%~60%。表 1-1 给出了 2003~2013 年石油消费量。

表 1-1　2003~2013 年石油消费量[1]

年份	2003	2004	2005	2006	2007	2008	2009	2010	2011	2012	2013
全球/百万吨	3725	3869	3919	3959	4018	4000	3925	4040	4085	4139	4185
中国/百万吨	271.7	318.9	327.8	354.5	370.6	377.6	391	440.4	464.1	490.1	507.4
比例/%	7.3	8.2	8.4	9	9.2	9.4	10	10.9	11.4	11.8	12.1

交通行业作为资源占用型和能源消耗型行业,其年石油消费量约占全球石油消费量的 50%,私人交通工具 95% 都依赖于石油。在中国,交通能耗占社会总能耗的比例已从 1980 年的 5% 上升到近两年的 20%,且年石油消费量占全国石油总消费量的 50%,而人均石油可采储量只有世界平均水平的 11%。至 2010 年年底,全国石油累计探明地质储量为 312.8 亿吨,仅可采 15 年。同时,中国已成为仅次于美国的第二大石油消费国。随着中国石油对外依存度的不断提高,石油安全将成为制约经济和社会发展的重要因素。另外,伴随着交通行业能源消耗而产生的温室气体以及排放的污染物,如二氧化碳、粉尘、硫化物、氮氧化物以及多环芳烃等,是引起环境污染和诱发人体多种疾病的根源[2,3]。以美国为例,每年温室气体排放源于交通行业的占 28%,其中二氧化碳排放源于交通行业的占 34%,主要的城市气体污染物来自交通行业的占 36%~78%,交通耗油占全国石油消费量的 68%,如不加以控制,这些数字还会继续增大[4,5]。

如今,电动汽车、混合动力汽车以及燃料电池汽车在私家车中难以普及的重要因素是其高昂的能源价格。Offer 等[6]对汽油、氢气、电三种能源 2030 年的价格进行了预测,预测结果见表 1-2,虽然这种预测可能不十分准确,但是随着科学技术的发展,制氢技术和发电技术成本下降,汽油、氢气、电的价格差别会越来越小。这会促使私家车用户将更多的目光投入新能源汽车行业中。

表 1-2　2010 年和 2030 年三种能源价格对比[6]

价格　　　年份　能源类别	2010 年	2030 年最低	2030 年最高	2030 年平均值
汽油/(G·J^{-1})	$12.7	$19	$38	$28.5
氢气/(G·J^{-1})	$42	$14	$56	$35
电/(G·J^{-1})	$36	$27	$45	$36

在能源危机和环境问题的双重压力下,近年来,世界各国都在积极制定能源发展战略、寻求平衡能源供给的有效途径、节能以及开发新能源与可再生能源[7,8]。考虑到汽车市场的快速增长对石油消费的预期需求,从 2001 年起,中国就开始着手制定汽车燃油消费标准,并于 2004 年发布第一个《乘用车燃料消耗量限值》国家标准。截至当前,中国已实施多项能源政策进行节能减排[9,10]。美国政府也制定了许多交通政策,如限制车辆行驶里程、减轻车辆阻耗、改进车辆引擎技术、开发低碳和非燃油高效动力系统等[11]。欧盟各国十分重视节能减排,制定了一系列环保政策,计划到 2030 年将城市交通中燃油汽车的数量削减一半左右,到 2050 年在城市交通中全面停用燃油汽车[12]。日本于 2009 年开始实施“绿色税制”,在汽油税、汽车消费税、传统燃油汽车重量等方面进行了较大幅度的调整,其适用对象包括纯电动汽车、混合动力车、清洁柴油车、天然气车以及获得认定的低排放且燃油消耗量低的车辆[13]。尽管如此,交通行业节能潜力依然巨大,任重道远。

1.2　汽车节能与新能源汽车

2000 年以来,世界汽车工业发展迅猛,至 2010 年,全球汽车保有量已逾 10 亿辆,预计到 2030 年,全球汽车保有量将增至 16 亿辆。2011 年中国汽车保有量已经突破 1 亿辆,是 2000 年的 6.58 倍(表 1-3)。到 2020 年,中国汽车的保有量或将突破 2 亿辆。快速发展的汽车工业已成为交通行业石油消耗的主要领域,2008 年中国车用燃油(汽油和柴油)的消耗量占石油总消耗的比例已从 2000 年的 17.8%增长到 33%左右[14]。其中,中国汽车的汽油消费量约占汽油生产量的 86%,柴油的消费量约占柴油生产量的 24%,汽车节能迫在眉睫。

表 1-3 2000～2011 年汽车保有量

年份	2000	2001	2002	2003	2004	2005	2006	2007	2008	2009	2010	2011
数量/万辆	1 608	1 802	2 053	2 430	2 742	3 160	4 985	5 697	6 467	7 619	9 086	10 578

汽车节能,关键是动力系统,既包括传统内燃机技术的改进,又涉及新能源汽车的发展。而新能源汽车无疑将成为未来汽车发展的必然趋势。其中,纯电动汽车(electric vehicle,EV)和混合动力汽车(hybrid electric vehicle,HEV)由于在能量效率和降低排放方面具有比传统车辆更好的优势,因而得到世界范围内的普遍重视,且纯电动汽车和燃料电池电动汽车(fuel cell electric vehicle,FCEV)被认为是仅有的能替代内燃机的零排放车辆(zero missions vehicle,ZEV)[15]。电动汽车用电生产所排放的一氧化碳、二氧化碳、氮氧化物和碳氢化合物分别是汽油驱动汽车排放量的 2%、76%、56% 和 9%[16]。如果采用可再生能源为电动汽车电池供电,仅是私人用车领域,其温室气体排放量就可减少 60%[17]。例如,使用 HEV,二氧化碳的排放量可以减少 20%～40%[18]。

为促进 EV 和 HEV 等电动汽车的发展,许多国家都积极采取各种措施。中国早在 2001 年就将新能源汽车研究项目列入国家“十五”期间的“863”重大科技课题,提出“以整车开发为主导,关键零部件和相关材料紧密结合,基础设施协调发展,政策法规、技术标准与评估技术同步展开”的基本方针,标志着电动车领域研究开发及产业化计划的全面启动,并于“十一五”提出“节能和新能源汽车的战略”,高度关注新能源汽车的研发和产业化。美国从 2009 年起投入 25 亿美元支持电动汽车相关产业发展,计划在 2015 年前部署 100 万辆电动汽车上路[19]。德国投入近 5 亿欧元用于电动汽车发展,预计 2020 年电动汽车产量将达到 100 万辆,2030 年超过 500 万辆。英国投入 2.5 亿英镑用于支持电动汽车产业建设,到 2016 年电动车或占英国汽车市场的 20%。到 2020 年,世界电动汽车总量将达到 1100 万辆。世界电源研究所(electric power research institute,EPRI)估计平均 200 万辆电动车每天可节约 60 000 桶汽油,每年可减少市区废气排放量 160 000 吨。以 2020 年中国汽车保有量 2 亿辆计算,若使用电动汽车,可以节约石油 4613 万吨,替代石油 4443 万吨,两者相当于将汽车用油需求削减 32.4%。

由于最具前景的氢燃料电池汽车技术问题短时间内难以突破,加上美国政府自 2012 年起计划终止无公害柴油基金项目(clean-diesel grant program),并将停拨氢燃料电池汽车的研发经费,预计在 2040 年之前,汽车节能将主要依靠发展非氢燃料 EV 和 HEV 等来实现。

1.3 动力电池

动力电池,作为制约电动汽车发展的关键技术,一直是众多生产、研发单位争相投入的热点[20-22]，发展历程已逾百年，其中用于电动汽车的二次电池主要类型如表 1-4 所示。

表 1-4　用于电动汽车的二次电池主要类型[16,23-25]

电池类型	英文简写
阀控铅酸电池	VRLA, valve-regulated lead-acid
镍铁电池	Ni-Fe, nickle-iron
镍锌电池	Ni-Zn, nickel-zinc
镍镉电池	Ni-Cd, nickel-cadmium
镍氢电池	Ni-MH, nickel-metal Hydride
锌氯电池	Zn/Cl_2, zinc/chlorine
锌溴电池	Zn/Br_2, zinc/bromine
铁空气电池	Fe/Air, iron/air
铝空气电池	Al/Air, aluminum/air
锌空气电池	Zn/Air, zinc/air
钠硫电池	Na/S, sodium/sulfur
钠镍氯化物电池	$Na/NiCl_2$, sodium/nickelchloride
锂铝硫化铁电池	Li-Al/FeS, lithium-aluminum/iron monosulfide
锂聚合物电池	Li-Po, lithium-polymer
锂离子电池	Li-ion, lithium-ion

铅酸电池是最早用于电动汽车的可充电电池，为适应正在浮现的世界电动汽车工业，随着 ALABC(advanced lead-acid battery consortium)项目的广泛实施，20 世纪 90 年代，VRLA 得到快速发展[26,27]。2000 年，英国 FVP(foresight vehicle programme)提出了针对 HEV 的铅酸电池优化与发展方案[20]。一般来说，提升铅酸电池比能量和循环寿命的方式主要是电极活性材料改性和电池板栅设计[28-30]。

Ni-MH 电池，由于具有比铅酸电池更高的能量、功率密度，寿命长且无污染，无记忆效应等优势，20 世纪末，包括 Daimler Chrysler、Ford、General Motors、Honda 和 Toyota 等在内的多家著名汽车公司都开始着手研发基于 Ni-MH 电池的 EV 和 HEV[23]。其中，Toyota 生产出世界上第一辆商用 HEV，General Motors生产的 EV1 所使用的 Ni-MH 电池一次充电行驶里程达 225 km。

自 1991 年日本率先开发成功 Li-ion 电池以来，由于其具有质量轻、体积小、比能量高等优点，为世界各国所重视并大力开发和研制，迅速向产业化发展[25,31]。Li-ion 电池能量密度是铅酸电池的 4～5 倍、Ni-MH 电池的 2 倍，且电压是 Ni-MH 电池的 3 倍、铅酸电池的近 2 倍[32]。Li-ion 电池提供动力源的电动汽车，已经在中国、美国、法国、意大利、日本等许多国家出现。随着电池技术的不断完善，Li-ion

电池在 EV 和 HEV 中的应用将更具潜力。

由于近年来对环保的要求越来越高,含重金属的 Ni-Cd 电池、铅酸电池的使用逐渐受到限制,Ni-MH 电池使用大量的有色金属以及生产工艺受限,再发展空间很小。与 Ni-MH 电池相比,EV 和 HEV 采用 Li-ion 电池可使得电池组的质量减轻 40%~50%,体积减小 20%~30%,而当前影响 Li-ion 电池在电动汽车中普及的主要问题是成本。虽然目前 Li-ion 电池成本高于其他电池,但是,预计在不久的将来,Li-ion 电池的成本有望下降到 Ni-MH 电池的 2/3。

美国于 2008 年组建国家 Li-ion 电池制造联盟,随后 5 年投入 10~20 亿美元以形成大规模制造 Li-ion 电池的能力。日本最大工业电子集团日立公司计划到 2015 年将 Li-ion 电池产能扩大 70 倍。德国从 2012 年起启动了一项 3.6 亿欧元的车用锂电池开发计划,几乎所有德国汽车和能源巨头均携资加入。在中国,深圳比克电池有限公司在天津投资 10 亿元专业生产磷酸亚铁锂动力电池;2013 年 12 月,天津力神电池股份有限公司投资 40 亿元在新能源汽车电池项目,从事包括汽车动力电池在内的 Li-ion 电池和新能源材料、超级电容器等的研发生产和销售,规划 5 亿 A·h 动力电池电芯装配产能;2014 年,总投资 25 亿元的锂电池项目落户灵宝,项目建成后具有年产 7 亿 A·h 电池、7000 吨磷酸铁锂正极材料、3000 吨石墨负极材料的生产能力;2013 年 10 月 31 日财政部公示 Li-ion 电池隔膜补贴项目,加大扶持力度。预计至 2018 年,全球 Li-ion 电池的总需求量将超过 38 500 万 kW·h,与 2013 年相比,增加 6 倍以上,被誉为绿色电源的 Li-ion 电池市场前景十分乐观。

1.4 电池热安全

由于电池充放电过程中的电化学反应都是在特定的温度范围内才能够发生,这意味着电池运行的环境温度范围是特定的,表 1-5 给出了几种典型的动力电池的特性以及运行许可的温度范围。

表 1-5 动力电池性能参数

电池类型	铅酸电池	Ni-MH 电池	Li-ion 电池
能量密度/(W·h·kg^{-1})	30~50	60~120	110~200
快速充电时间/h	8~16	2~4	2~4
电压/V	2	1.25	3.6
自放电率(室温)/%	5	30	3
运行温度范围/℃	−20~+60	−20~+60	0~45

过热、燃烧、爆炸等安全问题一直是动力电池研究的重点。热量的产生与迅速

积聚必然引起电池内部温度升高,尤其在高温环境下使用或者在大电流充放电时,可能会引发电池内部发生剧烈的化学反应,产生大量的热,如果热量来不及散出而在电池内部迅速积聚,电池可能会出现漏液、放气、冒烟等现象,严重时电池发生剧烈燃烧甚至爆炸(图 1-1)。无论传统的铅酸电池,还是性能先进的 Ni-MH、Li-ion 动力电池,温度对电池整体性能都有非常显著的影响。一般来说,温度主要影响动力电池的如下性能[33]:

(1)电化学系统运行;

(2)充放电效率;

(3)电池的可充性;

(4)电池的功率和容量;

(5)电池的可靠性和安全性;

(6)电池的寿命和循环次数。

(a)

(b)

(c)

(d)

图 1-1 电动汽车热安全事故[34]

温度升高,电池内阻减小,电池效率提高。但温度的升高,又会加快电池内部有害化学反应速率,进而破坏电池。一般来说,温度上升 10℃,化学反应速率增大一倍。Ni-MH 电池在 45℃条件下工作时,其循环寿命缩短 60%[35];高倍率充电时,温度每上升 5℃,其电池寿命衰减一半[36]。Ni-MH 电池的最佳工作温度范围为 20～40℃;对于铅酸电池,是 25～45℃[37]。Ramadass 等[38]对索尼 18650(容量 1.8A·h)Li-ion 电池的循环性能进行了研究,结果如表 1-6 所示,电池在 25℃和 45℃时工作 800 个循环之后,电池容量分别下降 31%和 36%;当工作温度为 50℃时,600 个循环后电池容量下降 60%;工作温度为 55℃时,500 个循环之后,容量下降 70%。Sarre 等[39]的结果表明,Li-ion 电池在 40℃循环 22 个月后(放电深度 80%),容量只是衰减了 4%。Wu 等[40]将 Li-ion 电池充满电后分别在 25℃和 60℃环境中放置 60 天后,在室温中放置的电池容量从 800mA·h 衰减到 790mA·h,而在 60℃环境中放置的电池,容量衰减到 680mA·h。当容量衰减率为 30%时,Li-ion 电池在 45℃时循环寿命为 3323 次,而在 60℃时仅为 1037 次[41]。对于 Ni-MH 和 Li-ion 电池,当温度超过 50℃时,电池寿命都会下降[42]。表 1-7 总结了目前 Li-ion 电池的容量衰减与运行温度的关系。总的来说,铅酸电池、Ni-MH 以及 Li-ion 动力电池最佳的工作温度范围是 25～40℃,电池模块之间温度差小于 5℃[43]。

电动汽车在行驶过程中,动力电池放电电流波动起伏。汽车在启动、加速等情况下,电流变化较大且产热不均衡。随着电动汽车的发展,动力系统功率要求不断提升,快速充放电需求增加导致电池在大电流放电时产生大量热量[44-46]。电池内部产生的热量往往使位于电池模块内部的单体电池温度上升到 100℃,在过充时甚至达到 199℃,比表面温度高了 93℃[47]。产生的高温可能会引燃周围的易燃材料从而引发产品外部的燃烧,造成安全隐患。对于单体电池,随着电池尺寸增大,电池内

表 1-6 索尼 18650Li-ion 电池在不同温度循环下的容量损失[38]

温度/℃	循环次数	容量损失/(mA·h)
25	150	28
	300	38
	800	71
45	150	27
	300	33
50	150	28
	300	62
	600	95
55	150	29
	300	81

表 1-7　Li-ion 电池的容量衰减与温度的关系[43]

序号	材料	放电区间	循环速率	循环次数	循环温度/℃	容量衰减
1	C/LiFePO₄	3.6～2.0V	3C/1	600	45	25.6%
					25	14.3%
					0	15.5%
					−10	20.3%
2	C/LiFePO₄	90%DOD	C/2	757	60	20.1%
				2628	15	7.5%
3	MCMB/LiFePO₄	3.8～2.7V	C/3	100	55	70%
					37	40%
					25	很小
4	C/LiNi₀.₈Co₀.₁₅Al₀.₀₅O₂	100%DOD	C/2	140	60	65%
					25	4%
5	C/LiCoO₂	4.2～2.0V	C/9～C/1	300	55	26.7%
					25	10.1%
6	C/LiMn₂O₄	4.2～2.5V	C/1	500	45	51.0%
					21	28.0%

部产热的不均衡更为突出,正极反应的产热量甚至是其他部位的 3 倍[48]。由于电池内外温度差异以及散热局限,电池组内不同模块以及电池模块内部各个单体电池之间产生了非常严重的不均衡温度分布,从而造成单体电池之间的性能不匹配,进一步导致电池模块过早失效。

动力电池在电动汽车中的应用,一般要综合考虑温度对电池性能和循环寿命的影响,以确定电池最优工作范围,并在此温度范围内获得性能和寿命的最佳平衡。无论电池内部各部分之间的电化学阻力还是电子传导阻力,在充放电时都会放出热量。当电池用于动力场合时,放电电流很大,例如,10C、20C 的大电流(相当于几百安培),很小的电池内部阻抗就可能引起很大的热量放出。另外,在低温情况下(如小于 0℃),电池充放电能力都会降低,可能的原因包括电解液受冻凝固等[49,50]。对于部分地区,冬季气温常低于−20℃,电池基本不能放电或放电深度较浅。对特斯拉 Model S、Leaf 以及 Volt 三种不同车辆的跟车调查结果如图 1-2 和图 1-3 所示,可见在同样的运行工况下,电池组温度对电动汽车的续航里程影响较大[51]。

温度过高或者过低都不利于动力电池的性能发挥[52]。为延长动力电池寿命,提升其电化学性能以及能量效率,必须设计合理的电池热量管理系统,在高温条件

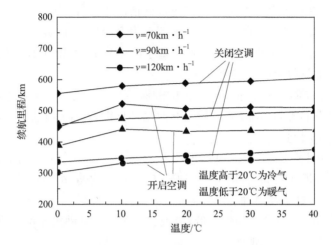

图 1-2　特斯拉 Model S 在不同温度及工况下的续航里程[51]

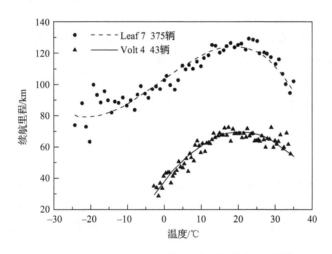

图 1-3　Leaf 和 Volt 在不同温度下的续航里程[51]

下对电池进行散热、低温条件下对电池进行加热或保温,以提升电动汽车整车性能。

1.5　电池热管理研究进展

1.5.1　电池热管理性能要求与分类

电池热管理是根据温度对电池性能的影响,结合电池的电化学特性与产热机理,基于具体电池的最佳充放电温度区间,涵盖材料学、电化学、传热学、分子动力学等学科背景,以解决电池在温度过高或过低情况下工作而引起热散逸或热失控问题,提升电池整体性能。随着电动汽车等动力系统对电池动力性能要求的日益提升,电池热管理的需求也越来越迫切。基于前述分析,电动汽车动力电池系统温度导致的问题主要包括以下三个方面。

(1)电池在高温环境中运行时热量的散逸不及时以及大电流放电时产生的热量迅速堆积聚而形成的高温,都会降低电池循环性能,甚至引起燃烧、爆炸等直接损坏电池的安全问题。

(2)电池单体产热不均衡、电池模块各电池之间温度分布不均衡以及电动汽车整个电池组各模块之间、各电池之间温度的分布不均衡,都会降低电池组整体寿命,影响整车动力性能和寿命。

(3)低温环境电池冷启动效率低,电池放电深度与电动汽车动力性能不匹配,进而制约电动汽车在高寒地区以及冬季的应用与发展。

电动汽车电池动力性能与循环寿命的提升,对电池热管理系统提出如下要求[36,53,54]。

(1)保证单体电池最适宜的工作温度范围,避免单体电池、电池模块和电池组整体或者局部温度过高,能够使电池在高温环境中有效散热、低温环境中迅速加热或者保温。

(2)减小单体电池尤其是大尺寸单体电池内部不同部位的温度差异,保证单体电池温度分布均匀。

(3)减小电池组内部不同电池模块之间的温度差异,保证电池组整体内部的温度分布均匀。

(4)满足电动汽车轻型化、紧凑性的具体要求,安装与维护简便,可靠性好且成本低廉。

(5)有害气体产生时的有效通风,以及与温度等相关参数相一致的热测量与监控。

与电池热管理有关的工作最早见于 20 世纪 80 年代[55,56],但在 1998 年之前,由于电池普遍用于小型化的设备中,电池热管理相关工作鲜有报道[57-60]。1999 年之后,动力电池热问题日益突出,电池热管理相关工作开始系统化。美国国家可再生能源实验室(National Renewable Energy Laboratory,NREL)以及伊利诺理工大学(Illinois Institute of Technology,IIT)都将电池热管理的研究工作作为重点方向之一。2001 年,基于 IIT 的电池热管理技术,Al-Hallaj 和 Selman 等成立专门为各种电动车提供电池热管理解决方案的 AllCell 公司。经过十余年的发展,电池热管理主要形成以下几种技术[59-63]。

(1)研究基于电池结构的耐温电池材料,包括耐高温材料以及低温电极材料、电解液材料等。

（2）以空气为介质的电池热管理系统。

（3）以液体为介质的电池热管理系统。

（4）基于相变传热介质/材料的电池热管理。

（5）热管、热电、冷板等其他基于制冷制热原理的热管理系统。

（6）上述两种或几种方式的耦合。

1.5.2 基于耐温电池材料的热控

电池耐温材料的热控主要包括正极材料、负极材料、电解液等的改性，以提升其耐高温性能或者低温活性。Kise 等[64,65]以碳/聚合物为原料合成了一种正温度系数化合物，并以此作为 Li-ion 电池负极材料，以防止电池内部短路，提高电池高温安全性。Yoshizawa 等[66]合成了一种镁锂钴氧化物并制成 Li-ion 电池进行测试，结果显示，电池在 0、−10℃、−20℃下 1C 放电，放电容量分别是 23℃时的 84%、63%和 33%，电池在 100℃下搁置 5h 后，容量依然能保持 95%，电池的热稳定性随着充电容量增加。Wang 和 Sun[67]用 4-异丙基苯基二苯基磷酸酯（4-iso-propyl phenyl diphenyl phosphate，IPPP）为添加剂并测试了 $LiCoO_2$/IPPP 电解液/C 电池的热性能，结果发现，IPPP 含量分别为 5%和 10%时能提高电池安全性能。Arai 等合成了 Li_2DFB，在 60℃下充放电，Li_2DFB 显示出比 $LiPF_6$ 电池更好的热稳定性和循环性能，虽然单纯的 $LiPF_6$ 材料在 180℃时都显示出比较好的稳定性[68]，但 $LiPF_6$ 电池在 60~85℃显示出的热稳定性都比较差[69]。$Li_2Ti_3O_7$ 电池在 40℃和 50℃下具有比室温下更高的充放电能力，但是当温度上升到 70℃时，其电池性能迅速恶化，Ma 和 Noguchi[70]通过掺杂 Fe 的方式，使 $Li_2Ti_3O_7$ 在 70℃情况下的稳定性得到提升。不难看出，对于 Li-ion 电池，电解液的阻燃是关键，在原有电解液基础上添加阻燃剂、研究新型不燃或者低燃电解液都是提升 Li-ion 电池热稳定性、降低电池燃烧等风险的有效方法[71-79]。

对于电极材料，主要目的是提高其导热系数，加快电池内部热量向外部空间传递速率，减少热量在电池内部的积累。Zahran[80,81]通过添加铜和铝的方式对碳电极的导热性能进行了增强研究。Maleki 等[82]研究了由石墨、聚偏氟乙烯（polyvinylidene difluoride，PVDF）、炭黑（carbon-black，C-black）等合成的负极材料做成的 Li-ion 电池的导热系数，结果表明，电池的导热系数与石墨尺寸、PVDF 和 C-black 的含量有关，PVDF 含量从 10%增加到 15%，其导热系数增加 11%~13%。

电极材料、电解液材料热稳定性的提升，都是以牺牲电池容量为前提的。Kohno 等[22]对 HEV 用 Li-ion 电池进行的研究表明，虽然电池在 25℃时功率系数达到 3800W·kg^{-1}，且电池在 80℃下搁置 20000h 不出现电解液的泄漏，但是，他们也指出其电池长时间在高温环境下储存的问题依然是亟待解决。从传热学角度讲,导热系数增加(如 10％左右)对于电池热量散逸影响并不明显,如果换用添加铜铝等高导热粒子,就会直接降低电池容量,而且对于电动汽车中的电池组,保证电池容量和动力性能是并行的指标。因此,通过改进电池材料来加速电池热量扩散和控制的方法也有一定的限度,而空气、液体、相变材料等对动力电池进行热管理将会是一种更为有效的方式。

1.5.3　以空气为介质的电池热管理系统

传热介质对热管理系统的性能和成本有重大的影响。采用空气作为传热介质就是直接把空气导入使其穿过模块以达到热管理的目的。图 1-4 给出了空气作为介质对电池进行冷却或者加热时的原理。

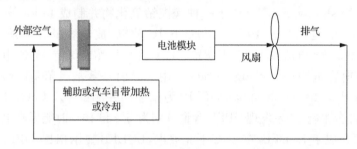

图 1-4　空气冷却或加热原理[83]

采用空气对电池进行加热、冷却(或通风)的热管理系统可以是被动式(只利用了周围环境)或者是主动式(组装在系统内部的、能够在低温情况下提供热源或在高温情况下提供冷源),而主动式元件包括蒸发器、加热芯、电加热器或燃料加热器等。高温环境下电动车电池只需冷却,而不必对其进行加热;相反,在寒冷环境中(温度约为−10℃或以下),大多数电池的能量和功率都降得很低,车辆性能严重衰退,这就需要使用加热系统,以确保正常工作。对于 EV,由于没有发动机对电池组进行加热,电机散发出来的热以及功率较大的车内电子电器产生的热均可加以利用。而对于 HEV,发动机可以提供热源,只是它必须经过一定的时间延迟(5min 以上)才能使电池加热到理想工作温度,故需要给电池加设相应的加热装置。相对而言,对电池进行冷却比对其加热要容易很多,因为可利用车辆空调、制冷系统或发动机冷却介质进行冷却。然而,使用制冷技术会导致电池能量消耗增加,这与用混合动力技术来提高其能量经济性相矛盾。当今学者通过模拟以及实验研究等方式分析了电池散热特性,验证了空气强制冷却的可行性,但是随着空气冷却法的广泛应用,对于大规模的锂离子聚合物电池,由于其导热率低,热传导的弛豫时间长,仅用空气冷却无法满足要求。

1.5.4　以液体为介质的电池热管理系统

对于寒冷条件下的加热,一般采用空气作为介质即能满足要求,但在高温等复杂条件下,动力电池散热却有更高要求,采用液体作为冷却介质用于动力电池散热便成为可能。液体冷却系统主要分为主动式液体冷却系统和被动式液体冷却系统。主动式液体冷却系统中使用汽车自身制冷装置,电池热量通过液体与液体交换形式送出;被动式液体冷却系统中采用液体与外界空气进行热交换的方式将电池热量送出。采用液体介质的传热可在模块间布置管线,或围绕模块布置夹套,或者把模块沉浸在电介质的液体中,也可把模块直接布置在加热(或冷却)液体中。若液体不是直接和模块接触(如传热管、夹套等),传热介质可以采用水、乙二醇甚至制冷剂。若要把模块沉浸在传热液体中,则该液体必须是电介质,并采用绝缘措施以免发生短路。在模块壁和传热介质之间进行传热的速率取决于液体的热导率、黏度、密度和流动速率等。在相同流速下,大多数直接接触式流体(如矿物油)传热速率远高于空气,因为后者有比较薄的边界层和较高的导热率。但由于油具有较高的黏度,需要较高的泵送功率,只能采用较低的流速,使其传热系数比空气仅高出 1.5～3 倍。目前,液体冷却已经在电子设备的散热、Ni-MH 电池组的冷却等许多领域得到广泛应用。

1.5.5　基于相变传热介质的电池热管理系统

相变材料(phase change material,PCM)是指随温度变化而改变形态并能提供潜热的物质。相变材料由固态变为液态或由液态变为固态的过程称为相变过程,这时相变材料将吸收或释放大量的潜热。相变材料可分为有机(organic)和无机(inorganic)相变材料,也可分为水合(hydrated)相变材料和蜡质(paraffin wax)相变材料。目前,相变储能材料已经在许多领域得到应用,如作为热保护系统用在空间领域。电子装置和储能装置中的主动式或被动式冷却系统以及电子器件散热,无论从节能、提高车辆续航里程出发,还是从车辆的小型化、微型化趋势来看,传统的以空气、水为冷却介质的热管理系统都存在局限性,而采用相变材料的电池热管理系统可望得到使用[32,62]。

如图 1-5 所示,利用 PCM 作为电池热管理系统时,把电池组浸在 PCM 中,PCM 吸收电池放出的热量而使温度迅速降低,热量以相变热的形式储存在 PCM 中。PCM 的相变潜热和相变温度是选择 PCM 的两个重要参考指标。石蜡具有较高的单位质量相变潜热,在电池运行温度范围内有合适的熔化温度,具有大规模商业开发的价值,但导热性能很差,储热速率低,并且会发生熔化/固化循环中的离析,进而降低整体功能。诸多研究者为克服这一缺陷进行了许多研究,例如,在石蜡中添加金属填料来提高热导率;使用金属翅片管与 PCM 耦合;在铝薄板中填充

PCM；在石墨中充填 PCM 来提高导热性；在 PCM 中添加碳纤维或碳纳米管等。研究结果表明，这些方法可以在很大程度上提高 PCM 的热导率和整体性能。

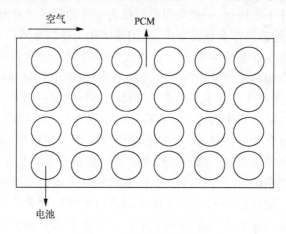

图 1-5　PCM 冷却原理[83]

第 2 章　电池的产热原理及模型

2.1　电池的产热

2.1.1　Li-ion 电池产热行为

电动汽车动力性能的提升需要高能量、高功率或者大尺寸的电池组与之相适应,而动力电池的安全问题,又是动力电池在电动汽车中应用和普及的关键[84]。动力电池在充放电过程中,电池内部化学反应复杂。以 Li-ion 电池为例,其电池内部化学反应可以表示为[85]如下形式。

正极反应

$$LiMO_2 \longrightarrow Li_{1-x}MO_2 + xLi^+ + xe^- \tag{2-1}$$

或

$$Li_{1+y}M_2O_4 \longrightarrow Li_{1+y-x}M_2O_4 + xLi^+ + xe^- \tag{2-2}$$

负极反应

$$nC + xLi + xe^- \longrightarrow Li_xC_n \tag{2-3}$$

电池反应

$$LiMO_2 + nC \longrightarrow Li_{1-x}MO_2 + Li_xC_n \tag{2-4}$$

或

$$Li_{1+y}M_2O_4 + nC \longrightarrow Li_{1+y-x}M_2O_4 + Li_xC_n \tag{2-5}$$

式中,M 为 Co、Ni、Fe、Mn 等;正极化合物有 $LiCoO_2$、$LiNiO_2$、$LiMn_2O_4$、$LiFePO_4$ 等;负极化合物有 LiC_x、TiS_2、WO_3、NbS_2、V_2O_5 等。

复杂的化学反应大多伴随热量的产生,其中,Li-ion 动力电池的主要产热反应包括固体电解质界面膜(solid electrolyte interface,SEI)的分解[86-88]、电解液的分解[89]、正极的分解[90-92]、负极与电解液的反应[88]和负极与黏合剂的反应[93]。此外,由于电池内阻的存在,电流通过时,也会产生部分热量。各温度下具体的产热行为见表 2-1。

表 2-1　Li-ion 电池体系中的热行为[83,94]

温度范围/℃	化学反应	热量/$(J \cdot g^{-1})$	说明
110~150	Li_xC_6+电解质	350	钝化膜破裂
130~180	PE 隔膜熔化	−190	吸热

续表

温度范围/℃	化学反应	热量/$(J \cdot g^{-1})$	说明
160~190	PP 隔膜熔化	−90	吸热
180~500	$Li_{0.3}NiO_2$ 与电解质的分解	600	释氧温度 $T=200℃$
220~500	$Li_{0.45}CoO_2$ 与电解质的分解	450	释氧温度 $T=230℃$
150~300	$Li_{0.1}MnO_4$ 与电解质的分解	450	释氧温度 $T=300℃$
130~220	溶剂与 $LiPF_6$	250	能量较低
240~350	Li_xC_6 与 PVDF	1500	剧烈的链增长
660	铝的熔化	−395	吸热

注：电解质为 PC/EC/DMC(1∶1∶3)+$LiPF_6$(1mol)。

2.1.2 SEI 的分解

Li-ion 动力电池的负极有一层 SEI，SEI 由稳定层与亚稳定层组成，其绝缘结构主要起保护作用，避免负极材料与电解液发生反应。当温度为 90~120℃时，SEI 便因为不稳定而发生分解。这时，亚稳定层就有可能发生放热反应。Maleki 等[95]使用差示扫描量热仪(differential scanning calorimetry，DSC)研究了碳化锂和电解液的反应，在 100℃附近观察到 SEI 的分解；而 Zhang 等[87]使用 DSC 发现：SEI 在 130℃开始分解放出热量，而不受嵌锂程度的影响。Richard 等[96]使用加速度量热仪(accelerating rate calorimetry，ARC)测定了由 SEI 的分解而产生的放热峰，测得的峰值与碳极嵌锂量有关。在 $LiBF_4$ 电解液中，自加热曲线中没有放热峰，在 $LiPF_6$ 电解液中，放热峰的形状和特性取决于溶剂的种类，这说明 SEI 的分解特性与电解液的成分有关。所以，通过控制电池温度，可避免电池温度过高而导致电池失效甚至燃烧爆炸等。

2.1.3 电解液分解

通常，在逐渐升高的温度下，电池内部各个组分之间存在以下五个主要反应[89]。
(1) 电解液的热分解。
(2) 电解液在负极表面的化学还原。
(3) 电解液在正极表面的化学氧化。
(4) 正极和负极的热分解。
(5) 隔膜的溶解以及引起的内部短路。
其中，前三个反应直接与电解液有关，所以电解液的热安全性直接影响着整个 Li-ion 电池动力体系的安全性能。有研究表明，$Li_xMn_2O_4$ 与电解液反应的放热量随着电解液的增加而增加[97,98]。Kawamura 等[97,99]用 DSC 研究了不同的电解液，发现无论在碳酸丙烯酯(propylene carbonate,PC)中还是在碳酸乙烯酯(ethylene carbonate,EC)中,无论 $LiPF_6$ 还是 $LiClO_4$,碳酸二乙酯(diethyl carbonate,DEC)都比碳酸二甲酯(dimethyl carbonate,DMC)的活性大,在 230~280℃ 的反应放热分别是 375 J·g^{-1} 和 515 J·g^{-1}。

2.1.4　正极分解

在氧化状态,正极活性物质发生热分解并放出氧气,氧气与电解液发生反应,放出热量,或者正极活性物质直接与电解液发生反应[99]。这是由于作为可充放电循环的 Li-ion 电池材料,充电电压较高会使正极材料超过 200℃ 而使化学反应发生[98]。电池在循环过程中,由于电解液在正极表面分解而形成正极表面层,进而促进正极的分解,降低热分解温度,产生更多的热。MacNeil 等[91]通过研究得出,$LiCoO_2$ 与电解液的反应热是 265J·g^{-1}。Venkatachalapathy 等[92]通过研究发现,$Li_xNi_{0.8}Co_{0.2}O_2$ 的反应热为 642J·g^{-1},Li_xCoO_2 的反应热为 381J·g^{-1}。实际运行环境中,动力系统需要 Li-ion 电池具备大容量与大倍率放电等特点,但产生的高温增加了运行危险。

2.1.5　负极与电解液的反应

由于 SEI 的不稳定性,当温度高于 120℃ 时,SEI 不能保护负极,负极嵌入的锂便与电解液发生反应,放出热量。Sacken 等[100]通过研究发现,除了负极的嵌锂状态,电解液的组成对于热失控起始温度也有着关键性的影响,其中相对效力、SEI 的溶解性以及有机溶剂的反应活性可能起很大的作用。Richard 等[96]使用 DSC 和 ARC 研究了嵌锂石墨在电解液中的热稳定性。由嵌锂的碳负极所引起电解液的还原反应发生在 210~230℃ 范围内,其反应热和 SEI 转化过程产生的热相当。有机电解液在有机溶剂和钾盐组分上的不同,也会直接影响碳负极上的热反应,从而导致在热失控起始温度上的很大差异性。一般认为,若将一个含有 $LiPF_6$ EC/DEC(33:67)电解液的嵌锂碳电极 MCMB 直接加热至 150℃(其温度通常被公认为大部分商品化 Li-ion 电池热失控的起始值),负极将以 100℃·min^{-1} 的速度进行自加热[96],所以知道在电解液存在下嵌锂碳负极的普遍自加热行为,对于预测一个实际 Li-ion 电池的初始自加热过程是非常有用的。

2.1.6　负极与黏合剂的反应

典型的负极包含质量比为 8%~12% 的黏合剂,Li_xC_6 与黏合剂的反应热随负极锂化程度呈线性增加。通过 X 射线分析反应产物,发现 LiF 是主要的无机产物[101]。LiC_6 比金属锂有较低的开始反应温度,是因为碳的比表面积较大。Maleki 等报道了 LiC_6 与 PVDF 的反应热为 1.32×10^3 J·g^{-1},反应开始时的温度是

$200℃$,在 $287℃$ 时达到最大值[102]。Biensan 等[103] 报道了 LiC_6 与 PVDF 的反应热为 $1.50×10^3 J·g^{-1}$,反应开始时的温度是 $240℃$,在 $290℃$ 时,反应热达到峰值,反应在 $350℃$ 时结束。

2.2　电池产热量与速率计算

对于双电解液电池,忽略混合熔值变化以及相变过程的影响,电池总的产热量可以表示为[104]

$$Q=\sum_j \alpha_{sj} i_{nj}(\phi_s-\phi_e-U_j)+\sum_j \alpha_{sj} i_{nj} T \frac{\partial U_j}{\partial T}$$
$$+\sigma^{eff} \nabla \phi_s \nabla \phi_s + k^{eff} \nabla \phi_e \nabla \phi_e + k_D^{eff} \nabla \ln c_e \nabla \phi_e \qquad (2-6)$$

式中,α_{sj} 为单位体积界面面积,$cm^2·cm^{-3}$;i_{nj} 为转移电流密度,$A·cm^{-2}$;ϕ_s 为基体电势,V;ϕ_e 为溶液电势,V;U_j 为平衡电势,V;T 为温度,K;σ^{eff} 为基体有效电导率,$\Omega^{-1}·cm^{-1}$;c_e 为电解液浓度,$mol·cm^{-3}$。

可见,式(2-6)的计算较为复杂。为简化计算,电池的反应热用 Q_r 表示;由电池极化引起的能量损失用 Q_p 表示;电池内存在着副反应,典型的副反应是电解液的分解和自放电,副反应引起的能量损失用 Q_s 表示;电池存在着电阻,产生焦耳热 Q_j。所以,一个电池总热源可表示为

$$Q=Q_r+Q_p+Q_s+Q_j \qquad (2-7)$$

电池平均产热速率(W) = 产生的热量(J) / 循环时间(s)

用数学公式表示为

$$V=\frac{Q}{t} \qquad (2-8)$$

式中,V 为平均产热速率,W;Q 为电池工作时间内电池的总产热量,J;t 为电池工作时间,s。

电池的产热和它自身的性质有关,包括如下几个部分:

(1) 电池的化学成分和结构。

(2) 荷电的初始状态和终止状态。

(3) 电池的初始温度。

(4) 充电和放电的速率以及模式。

当电池类型确定后,需要考察上述(2)~(4)的影响,设计实验进行测量和计算。例如,一个电池模块以1C放电从 100% 荷电态(SOC)到 0% 荷电态,循环时间为 3600s,测定出过程放出热量之后就可以计算热产生速率。

通过电池产热速率的测量也可以测定电池在充电、放电或充电放电循环过程中的能量效率,为此,需要测定出充电时输入电池的电能和放电时电池输出的

电能。

$$能量效率 = \left(1 - \frac{电池产生的热}{输入或输出的电能}\right) \times 100$$

用数学公式表示为

$$H = \left(1 - \frac{Q}{E}\right) \times 100 \tag{2-9}$$

进行热管理系统设计除了需要知道电池热产生速率,还要知道电池的热容量。热容量指加热或冷却 1 kg 电池物质使其升高或降低 1℃所需要的能量,单位为 $J \cdot kg^{-1} \cdot ℃^{-1}$。根据量热方法获得电池模块由初始温度 T_1 改变到终态温度 T_2 失去或获得的热量 Q,则电池的热容量为

$$C_p = \frac{Q}{m}(T_1 - T_2) \tag{2-10}$$

式中,m 是电池模块的总质量。

2.3　电池热量的扩散

热能的传递有三种基本方式:热传导、热对流与热辐射[105]。Li-ion 动力电池的散热包括这三种热量传递方式,不同的散热技术在某种具体方式上又有所侧重。热辐射主要发生在电池表面,与电池表面材料的性质相关,用斯特藩-玻耳兹曼(Stefan-Boltzmann)定律表示为

$$P_r(T) = \varepsilon \sigma (T^4 - T_s^4) \tag{2-11}$$

式中,P_r 为辐射功率;ε 为热辐射率,对于黑体,$\varepsilon = 1$;σ 为斯特藩-玻耳兹曼常量,即黑体辐射常数;T 为电池温度,K;T_s 为环境温度,K。

热传导主要包括电池内部各物质之间的热量传递,如电池的电极、电解液、集流体等,即将电池作为整体,热量从电池内部向电池表面传递,用傅里叶定律表示为

$$q_n = -k \frac{\partial T}{\partial n} \tag{2-12}$$

式中,q_n 为热流密度,$W \cdot m^{-2}$;k 为导热系数,$W \cdot m^{-1} \cdot K^{-1}$;$\frac{\partial T}{\partial n}$ 为电极等温面法线方向的温度梯度,$K \cdot m^{-1}$。

热对流指电流表面的热通过换热介质(如空气、水等)的流动交换热量,与温差成正比,用牛顿公式表示为

$$Q = hA(T_m - T_f) \tag{2-13}$$

式中,Q 为热流量,W;h 为对流换热系数,$W \cdot m^{-2} \cdot K^{-1}$;$A$ 为面积,m^2;T_m 为壁面温度,K;T_f 为流体温度,K。

对 Li-ion 动力电池,电池内部受热辐射与热对流影响较小,主要由热传导决定,电池自身吸收的热量取决于电池材料的比热容,电池温升与电池自身材料的比热容成反比。

表 2-2 给出了 18650 型(容量为 1.35A·h)Li-ion 电池在不同放电倍率下产热量 q_T 以及在不同工作温度范围下的散热量 q_d,其中 q_{acc} 为电池自身吸收热量。可知,电池的热量因为散热不及时而用于自身温度升高导致 q_{acc} 增大。因此,通过电池的散热,增大 q_d 的值,降低 q_{acc} 的值,可以降低电池内部工作温度。

表 2-2　18650 型 Li-ion 电池的产热散热行为[106]

温度 热量 放电倍率	308K			318K			328K		
	q_d /J	q_{acc} /J	q_T /J	q_d /J	q_{acc} /J	q_T /J	q_d /J	q_{acc} /J	q_T /J
C/6	700.34	190.52	890.87	—	—	—	—	—	—
C/3	840.09	383.15	1223.2	853.41	402.68	1256.1	864.04	419.91	1284.0
C/2	847.68	558.67	1456.4	890.49	538.71	1429.2	953.29	583.01	1536.3
C/1	920.54	962.68	1883.2	958.34	938.63	1897.0	994.13	958.26	1592.4

2.4　电池热数学模型

分析电池热行为和热关系效果的研究方法有很多,最常用的是实验和数值模拟的方法,其中数值模拟方法最常用的是计算流体力学(computational fluid dynamics,CFD)和有限元法(finite element method,FEM),电池热行为的数学模型或称数值模型,一般由如下三部分组成:①能量守恒方程;②简化的或复杂的电池产热方程;③边界条件方程,包括线性/非线性的、热传导/对流换热/辐射换热等。目前许多电池热模型用来描述温度轮廓或者用来预测温度随时间的变化情况,Catherino[107]构建了用于研究铅酸电池热失控行为的热数学模型,Inui 等[108]基于 Li-ion 电池数值模型精细地模拟了二维和三维的圆柱形和方形 Li-ion 电池,并得到电池内部的温度分布。

用于研究电池热行为的数学模型有很多,但主要包括以下几种:

(1) 集中参数电池热模型;

(2) 简化的一维热数学模型;

(3) 一维热电化学耦合模型;

(4) 圆柱形电池二维瞬态传热模型;

(5) Li-ion 电池三维热滥用模型;

(6) 二维 Li-ion 电池 CFD 模型。

　　集中参数电池热模型最初由美国国家可再生能源实验室的 Steve Burch 提出,由 Johnson[109] 改进。模型的散热量由式(2-14)计算

$$Q_{\mathrm{d}} = \frac{T_{\mathrm{b}} - T_{\mathrm{air}}}{R_{\mathrm{eff}}} \tag{2-14}$$

式中,R_{eff} 为有效热阻,即

$$R_{\mathrm{eff}} = \frac{1}{hA} - \frac{t}{kA} \tag{2-15}$$

其中,h 为表面换热系数,由电池的温度决定,即

$$h = \begin{cases} h_{\mathrm{forced}} = a\left(\dfrac{m/\rho A}{5}\right)^{b}, & T_{\mathrm{b}} > T_{\mathrm{set}} \\ h_{\mathrm{nature}} = 4, & T_{\mathrm{b}} < T_{\mathrm{set}} \end{cases} \tag{2-16}$$

式(2-14)中的电池周围空气温度 T_{air} 为

$$T_{\mathrm{air}} = T_{\mathrm{amb}} + \frac{0.5 Q_{\mathrm{d}}}{m_{\mathrm{air}} c_{\mathrm{p,air}}} \tag{2-17}$$

Al-Hallaj 等[110] 运用一种简化的一维集中参数热数学模型,模拟了圆柱形锂电池(Sony,US18650)内部的温度分布,该数学模型中的能量方程为

$$\frac{\partial^2 T}{\partial r^2} + \frac{1}{r}\frac{\partial T}{\partial r} + \frac{q}{k_{\mathrm{cell}}} = \frac{1}{\alpha}\frac{\partial T}{\partial t} \tag{2-18}$$

式中,k_{cell} 为电池的导热系数;α 为热扩散率;q 为热源,由电池产热 Q 换算得到,即

$$Q = \Delta G + T\Delta S + W_{\mathrm{el}} \tag{2-19}$$

$$q = \frac{Q}{V_{\mathrm{b}}} \tag{2-20}$$

其中,S 为熵。式(2-19)中的 G 为吉布斯自由能,W_{el} 为电功,分别由式(2-21)和式(2-22)求得

$$\Delta G = -nFE_{\mathrm{oc}} \tag{2-21}$$

$$W_{\mathrm{el}} = -nFE \tag{2-22}$$

式中,n 为电子数;F 为法拉第常数;E 为电池电压;E_{oc} 为开路电压。电池的总产热功率 Q' 可表示为

$$Q' = I\left[(E_{\mathrm{oc}} - E) + T\frac{\mathrm{d}E_{\mathrm{oc}}}{\mathrm{d}T}\right] \tag{2-23}$$

Al-Hallaj 假设在 $t = t_0$ 时刻 $T = T_{\mathrm{a}}$,即电池的初始温度等于环境温度,Al-Hallaj 设定的边界条件为

$$\frac{\mathrm{d}T}{\mathrm{d}r}\bigg|_{r=0} = 0$$

$$-k_{\mathrm{cell}}\frac{\mathrm{d}T}{\mathrm{d}r}\bigg|_{r=R} = h(T - T_{\mathrm{a}}) \tag{2-24}$$

一侧为绝热边界,另一侧为对流传热边界。

Forgez 等[111]同样运用一维热模型预测了 LiFePO$_4$/石墨 Li-ion 电池的热响应,其所使用的热源为

$$Q' = I\left[(E_{oc} - E) + T\frac{dE_{oc}}{dT}\right] - \sum_i \Delta H_i^{avg} r_i - \int \sum_j (\overline{H}_j - \overline{H}_j^{avg})\frac{\partial c_j}{\partial t}dv$$

$$(2-25)$$

式中,ΔH 为焓变;r_i 为反应速率;c_j 为反应浓度;$\overline{H}_j$ 为局部组分焓,$\overline{H}_j^{avg}$ 为平均组分焓;下标 i 为化学反应种类;下标 j 为组分。

Smith 和 Wang[112]运用一种复杂的一维集中参数热电化学耦合数学模型研究了由 72 个单体电池组成的电压为 276V、容量为 6A·h 的 HEV Li-ion 电池组的脉动功率极限和热行为,模型如图 2-1 所示。模型采用的控制方程如下。

电解液

$$\frac{\partial \varepsilon_e c_e}{\partial t} = \frac{\partial}{\partial x}\left(D_e^{eff}\frac{\partial}{\partial x}c_e\right) + \frac{1 - t_+^0}{F}J^{Li}$$

$$(2-26)$$

固体

$$\frac{\partial c_s}{\partial t} = \frac{D_s}{r^2}\frac{\partial}{\partial x}\left(r^2\frac{\partial c_s}{\partial r}\right)$$

$$(2-27)$$

电解液(充电)

$$\frac{\partial}{\partial x}\left(\kappa^{eff}\frac{\partial}{\partial x}\phi_e\right) + \frac{\partial}{\partial x}\left(\kappa_D^{eff}\frac{\partial}{\partial x}\ln c_e\right) + J^{Li} = 0$$

$$(2-28)$$

固体(充电)

$$\frac{\partial}{\partial x}\left(\sigma^{eff}\frac{\partial}{\partial x}\phi_s\right) = J^{Li}$$

$$(2-29)$$

式中,ε 为体积分数;c 为 Li-ion 的浓度;D 为 Li-ion 扩散系数;κ 为电解液电导率;κ_D 为扩散电导率;t_+^0 为 Li-ion 转移数目;J 为电流密度;ϕ 为平均电势;下标 e 表示电解液;下标 s 表示固体。J^{Li} 可由式(2-30)求得

$$J^{Li} = a_s i_o\left\{\exp\left[\frac{\alpha_a F}{RT}\left(\eta - \frac{R_{SEI}}{a_s}J^{Li}\right)\right] - \exp\left[\frac{\alpha_c F}{RT}\left(\eta - \frac{R_{SEI}}{a_s}J^{Li}\right)\right]\right\}$$

$$(2-30)$$

式中,i_o 为单个反应产生的电流密度;a_s 为电极产生电流的有效面积;α_a 和 α_c 分别为正负极的电化学反应转换系数;R 为气体常数;R_{SEI} 为 SEI 电阻;η 为单个电极反应的过电压,由式(2-31)求得

$$\eta = \phi_s - \phi_e - E_{oc}$$

$$(2-31)$$

式中,ϕ_s 和 ϕ_e 分别为电池正负极电势。式(2-21)~式(2-24)中的其他参数由下面公式求得

$$D_e^{eff} = D_e \varepsilon_e^p$$

$$(2-32)$$

$$\kappa^{eff} = \kappa \varepsilon_e^p$$

$$(2-33)$$

$$\kappa_{\mathrm{D}}^{\mathrm{eff}} = \frac{2RT\kappa^{\mathrm{eff}}}{F}(t_+^0 - 1)\left[1 + \frac{d\ln(\ln f_{\pm})}{d\ln(\ln c_{\mathrm{e}})}\right] \tag{2-34}$$

$$\sigma^{\mathrm{eff}} = \varepsilon_{\mathrm{s}}\sigma \tag{2-35}$$

$$a_{\mathrm{s}} = \frac{3\varepsilon_{\mathrm{s}}}{r_{\mathrm{s}}} = \frac{3(1 - \varepsilon_{\mathrm{e}} - \varepsilon_{\mathrm{p}} - \varepsilon_{\mathrm{f}})}{r_{\mathrm{s}}} \tag{2-36}$$

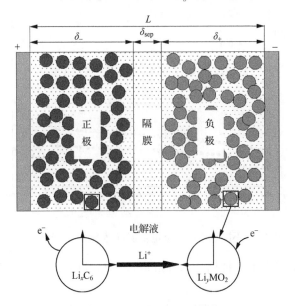

图 2-1　Li-ion 电池模型[112]

Wu 等[113]运用圆柱形电池二维非稳态传热模型模拟了 Li-ion 电池内部的温度分布,电池模型的径向导热系数 k_r 与轴向导热系数 k_z 不相等,其能量方程与式(2-18)相比,考虑了导热系数的各向异性,为

$$\rho C_{\mathrm{p}} \frac{\partial T}{\partial t} = k_r \frac{1}{r} \frac{\partial}{\partial r}\left(r\frac{\partial T}{\partial r}\right) + k_z \frac{\partial^2 T}{\partial z^2} + q \tag{2-37}$$

Wu 等利用数值模拟结果与实验对比分析了自然对流冷却、强制对流冷却以及热管冷却三种方式的效果,其所使用的边界条件为

$$\begin{cases} \dfrac{\partial T}{\partial r} = 0, & r = 0, \quad 0 < z < Z \\[2mm] -k_r \dfrac{\partial T}{\partial z} = h_r(T - T_\infty), & r = R, \quad 0 < z < Z \\[2mm] k_z \dfrac{\partial T}{\partial z} = h_z(T - T_\infty), & z = 0, \quad 0 < r < R \\[2mm] -k_z \dfrac{\partial T}{\partial z} = h_z(T - T_\infty), & z = Z, \quad 0 < r < R \end{cases} \tag{2-38}$$

翅片边界条件为

$$\iint q \mathrm{d}A = h_0 \eta_0 A_t \left[\overline{T_s} - \overline{T_f} \right], \quad r = R \tag{2-39}$$

初始时刻 $T = T_\infty, t = 0, 0 < r < R, 0 < z < Z$。图 2-2 为利用二维非稳态模型所模拟出来的电池温度在不同放电电流下随 SOC 的变化情况。

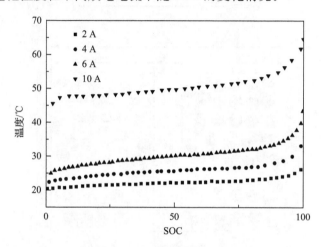

图 2-2　不同放电电流下电池温度随 SOC 的变化[113]

Kim 等[114]构建出了一种用于 Li-ion 电池的热滥用三维模型,模型的热源为

$$q = q_{abuse} + q_{joul} + q_{combustion} + \cdots \tag{2-40}$$

式中,q_{joul} 和 $q_{combustion}$ 分别表示焦耳热与反应热;q_{abuse} 为热滥用发生后额外的产热量,由式(2-41)计算

$$q_{abuse} = q_{sei} + q_{ne} + q_{pe} + q_{ele} + q_{nb} \tag{2-41}$$

式中,q_{sei} 为 SEI 分解反应产热;q_{ne} 为负极活性材料与电解液之间的反应产热;q_{pe} 为正极活性材料与电解液之间的反应产热;q_{ele} 为电解液分解反应产热,q_{nb} 为正负极之间的反应产热,均由下列公式计算

$$q_i = H_i W_i R_i, \quad i = sei, ne, pe, ele, nb \tag{2-42}$$

$$R_{sei} = A_{sei} \exp\left(-\frac{E_{a,sei}}{RT}\right) c_{sei}^{m_{sei}} \tag{2-43}$$

$$R_{ne} = A_{ne} \exp\left(-\frac{t_{sei}}{t_{sei,ref}}\right) c_{neg}^{m_{ne,n}} \exp\left(-\frac{E_{a,ne}}{RT}\right) \tag{2-44}$$

$$R_{pe} = A_{pe} \alpha^{m_{pe,p1}} (1-\alpha)^{m_{pe,p2}} \exp\left(-\frac{E_{a,pe}}{RT}\right) \tag{2-45}$$

$$R_{ele} = A_{ele} \exp\left(-\frac{E_{a,ele}}{RT}\right) c_{ele}^{m_{ele}} \tag{2-46}$$

Kim 等的模型主要侧重于电池产热急剧加大情况下的热失控行为,特别是其中的热化学反应机制。

Lee 等[115]运用三维模型研究了操作和环境条件对电池组热行为的影响,并在 42V 的电动汽车系统上深入研究了模型的可靠性,不同环境温度和循环次数下电池最高温度和最低温度如表 2-3 所示。

表 2-3　不同环境温度和循环次数下电池最高温度和最低温度[115]

环境温度/℃	循环次数	最高温度/℃	最低温度/℃
10	10	16.64	14.10
	30	19.28	17.84
	50	19.56	18.16
25	10	31.64	29.09
	30	34.28	32.84
	50	34.56	33.16
40	10	46.64	44.09
	30	49.27	47.84
	50	49.56	48.16

Kim 等[116]以容量为 10A・h 的方形锂聚合物电池,建立了二维的 CFD 模型,其中,电流密度 J 由 Newman 和 Tiedemann 所建立的式(2-47)求得[117]。

$$J = Y(V_p - V_n - U) \tag{2-47}$$

式中,V_p 和 V_n 分别为电池正负极电势;Y 和 U 为拟合所得参数,拟合公式由 Gu[118]等所建立。

$$U = a_0 + a_1(\text{DOD}) + a_2(\text{DOD})^2 + a_3(\text{DOD})^3 \tag{2-48}$$

$$Y = a_4 + a_5(\text{DOD}) + a_6(\text{DOD})^2 \tag{2-49}$$

式中,$a_i(i = 0,1,2,3,4,5,6)$ 为实验所得常数,式(2-48)和式(2-49)中的 DOD (depth of discharge)为放电深度,由式(2-50)求得。

$$\text{DOD} = \frac{\int_0^t J\,\mathrm{d}t}{Q_T} \tag{2-50}$$

式中,Q_T 为单位面积的理论容量。

电池产热量为

$$q = aJ\left(E_{oc} - E - T\frac{\mathrm{d}E_{oc}}{\mathrm{d}T}\right) + a_p r_p i_p^2 + a_n r_n i_n^2 \tag{2-51}$$

式中,a_p 和 a_n 分别为正极与负极的比表面积;i_p 和 i_n 为正负极的电流密度;E_{oc} 为开路电压;E 为电池电压;$\frac{\mathrm{d}E_{oc}}{\mathrm{d}T}$ 称为熵变。假设电池外部为空气自然对流散热,则电池的散热速率 q_{conv} 为

$$q_{\text{conv}} = \frac{2h}{d}(T - T_{\text{air}}) \tag{2-52}$$

综合式(2-18)和式(2-19),可以得出电池模型中的能量守恒方程

$$\rho C_{\text{p}} \frac{\partial T}{\partial t} = \frac{\partial}{\partial x}\left(k_x \frac{\partial T}{\partial x}\right) + \frac{\partial}{\partial y}\left(k_y \frac{\partial T}{\partial y}\right) + q - q_{\text{conv}} \tag{2-53}$$

Kim 等根据式(2-53)所建立的能量守恒方程,模拟了方形电池在放电过程中的热行为,模型如图 2-3 所示,模拟结果与实验结果之间的误差在低倍率放电时较小,而在放电倍率增大时,逐渐增大。

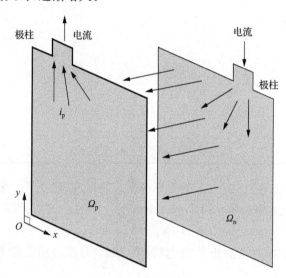

图 2-3　二维电池产热模型示意图[116]

第3章　风冷式电池散热

3.1　概　述

以空气为介质对动力电池进行热管理,就是让空气横掠电池组,以带走或带来热量,达到散热或加热的目的。采用空气为介质的电池散热方式,又称风冷式散热。根据是否需要电动汽车提供辅助能量分为主动式和被动式两种散热方式,也可根据空气在电池组外的流动成因,分为自然对流与强制对流两种散热方式。

对于风冷式散热系统,可与整车行驶特性设计相结合,依据车速形成的自然风,将热量带走,也可通过风扇与风机产生强制气流通风,对电池进行散热。根据电池的排列方式,可分为串行和并行两种通风方式。Pesaran 等[36,54]的研究表明,并行通风效果更好。同时,风冷式散热还受流道厚度等的影响[119]。考虑到成本与汽车空间的具体要求,风冷式散热一般被当成电动汽车电池散热的首选[120]。Toyota Prius 电池组采用的是根据 Pesaran 等建议的并行通风风冷式散热,根据美国国家可再生能源实验室的测试数据,其电池组所用的 Ni-MH 电池在 25℃环境下工作时,最高温度能控制在 45℃以下,电池温差控制在 5.0℃以下[121]。Mahamud 和 Park[122]针对 Li-ion(LiMn$_2$O$_4$/C)电池设计了一种往复式风冷式散热系统,电池温差下降 4℃,且与普通的单向流风冷式散热系统相比,在 120s 时电池最高温度降低了 1.5℃。在国内,与电池散热有关的工作主要集中在风冷式散热。焦洪杰等[123]研制了并联式 HEV 用 Ni-MH 电池通风冷却装置。楼英莺[124]设计了 HEV 用 36V 梅花形电池组,并结合实验与数值模拟对风冷式散热特性进行了研究。梁昌杰[125]对 Ni-MH 电池的温度场均匀性进行了实验与数值研究,其电池组最大温差由 20.4℃下降到 4℃,最高温度由 65℃下降到 53.45℃。许超[126]对混合动力客车(SWB6116HEV)的 LiFePO$_4$ 电池包散热进行了研究,并提出了在电池包尾部增加风扇、改进挡板、拓宽电池间冷却风道等方式来强化散热效果。

一般来说,风冷式散热系统的主要优点如下[127]:

(1) 结构简单,质量相对较小;

(2) 没有发生漏液的可能;

(3) 有害气体产生时能有效通风;

(4) 成本较低。

3.2　被动式与主动式

　　被动式风冷散热通常指不使用任何外部辅助能量直接利用车速形成的自然风将电池的热量带走。该方法简单易行,成本低,散热过程热量的交换多以自然对流为主。但为了有效冷却,电池的形状或者电池封装的形状需要采用特殊设计以及使用特殊材料,以增大电池的散热面积[128]。

　　主动式风冷散热的散热过程的热量交换主要是强制对流,因此,如果电池模块周围空间允许,可以安装局部散热器或风扇,也可利用辅助的或汽车自带的蒸发器来提供冷风,其原理如图 3-1 所示。该方法对电池的封装设计要求有所降低,可用于较复杂的系统,电池在车上的位置也不受限制,对整车的结构设计影响较小。

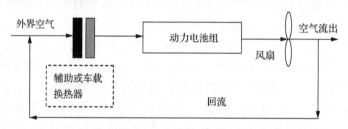

图 3-1　主动式风冷散热示意图[34,36]

3.3　串行通风与并行通风

　　电池箱(或称电池组)内不同电池单体、电池模块之间的温度差异,会加剧电池内阻和热量的不一致性,如果长时间积累,会造成部分电池过充电或者过放电,进而影响电池的寿命与性能,并造成安全隐患。不同电池单体之间的温度差异与电池组/模块的布置有很大关系,一般情况下,中心部位电池温度高,边缘部位由于散热条件好,温度低。因此,在布置电池组/模块结构和散热设计时,必须尽量保证各电池单体散热的均匀性。根据通风方式,空冷式电池散热主要分为串行通风与并行通风两种方式,其基本原理如图 3-2 所示。

　　图 3-2(a)所示为串行通风,低温空气从左侧进入、右侧流出电池模块,空气在流动过程中不断被加热,因此,右侧电池的散热效果比左侧要差,电池温度容易出现右侧高于左侧的情况。图 3-2(b)所示为并行通风,通过楔形的进气与排气通道设计,使得各电池单体、电池模块之间气流平行通过,有利于空气在不同电池单体、电池模块间更均匀地分布。

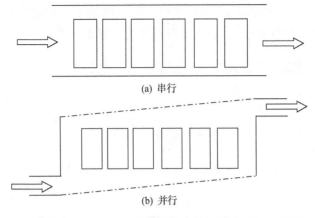

(a) 串行

(b) 并行

图 3-2　串行与并行通风示意图[127]

3.3.1　串行通风方式

　　弗吉尼亚理工大学的 He 等[129]构建了一个串行通风的电池模块,如图 3-3(a)所示,该电池模块由 8 块 A 123 26650 动力电池(2.3A·h,3.3V)进行 4 个串联和 2 排并联组成,最终电池模块电压为 14.8V,容量为 4.6A·h。该实验平台包含充放电设备,温度、压力、速度测量装置,控制装置,风洞装置等。风洞装置能够有效控制风速大小,风速大小范围为 0.5~30m·s^{-1}。图 3-3(b)给出了模块的热电偶布置方式和相关尺寸。He 等借助 ANSYS/FLUENT 软件对该模块进行了二维数值模拟研究,该数值模型忽略了流体参数和流场在 z 方向的变化,CFD 模型示

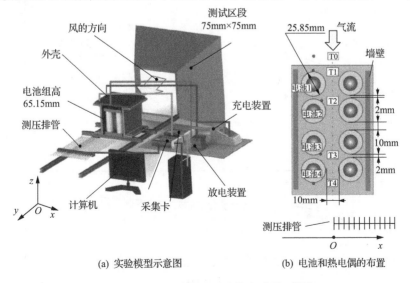

(a) 实验模型示意图

(b) 电池和热电偶的布置

图 3-3　一种串行通风系统实验设置[129]

意图和网格划分结果分别如图 3-4(a)和(b)所示,网格采用四边形非结构网格,由于电池附近的速度梯度比较大,边界层网格经过了加密处理。

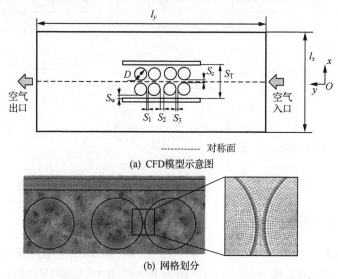

(a) CFD模型示意图

(b) 网格划分

图 3-4　CFD模型示意图和网格划分[129]

He 等的研究思路是运用实验结果验证数值模型,然后运用数值模型研究不方便进行测量或者代价比较高的实验方案。在这个串行通风电池组模型中,He 等用实验测量得到了电池模块具有代表性的温度、空气流速和压力。图 3-5 是他

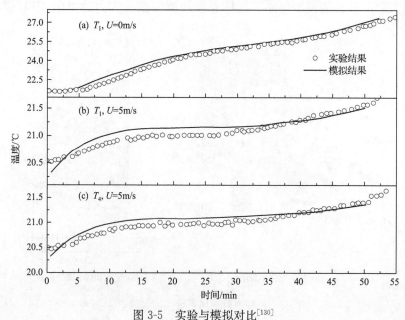

图 3-5　实验与模拟对比[130]

们的实验与模拟结果的对比,从图中可以看出,模拟结果与实验吻合得很好。之后,他们用经过验证的数值模型模拟分析不同风速和不同电池—壳体间距情况下的能量消耗情况,结果如图 3-6 所示。从图中可以得出,对于两种间距情况,随着风速的增大,能量消耗功率均增大,当风速从 0.1m·s^{-1} 增大到 10m·s^{-1} 时,能量消耗增大 5 个数量级,这说明优化电池热管理系统的能量消耗是重要的。电池—壳体间距为 5mm 时的能量消耗大于间距为 17mm 时的能量消耗,这是因为在相同的风速下,间距增大,(Re)雷诺数降低,摩擦系数降低的缘故。

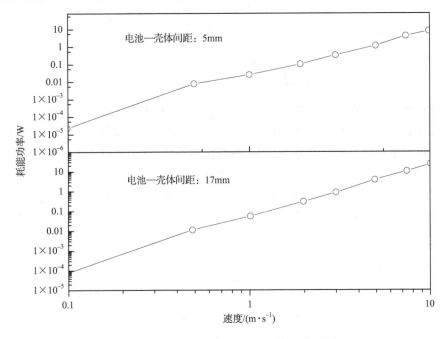

图 3-6　不同风速和间距下能量消耗情况[129]

3.3.2　并行通风方法

　　天津大学 Liu 等[131]构建了并行通风的简化计算模型,用于预测大型风冷电池包的空气流动速度和电池组温度分布情况,这种并行通风简化计算模型的示意图如图 3-7 所示。图 3-7(a)表示整个大的电池组,大电池组由楔形的进出风道和若干个相同的电池模块组成。电池模块的结构如图 3-7(b)所示。电池模块由 8 个包含 5 个电池单体的电池单元组成,单体电池是圆柱形 18650 电池,同一电池单元中相邻的两个电池单体用板材连接,使得两组电池单元之间夹有单独的冷却通道。风道的角度 θ、风道端部最小宽度 ω_{min}、电池单元间距 l_{sp} 等参数作为影响速度和温度分布的研究对象。

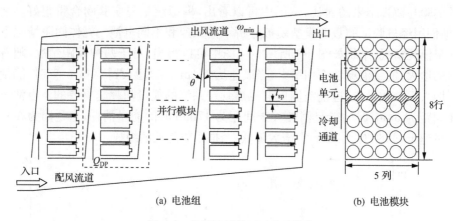

(a) 电池组　　　　　　　　　　　　　(b) 电池模块

图 3-7　并行通风模型示意图[131]

这种简化计算模型包括流动阻力网络模型和瞬态传热模型。流动阻力网络模型主要是计算不可逆压力损失,包括局部损失和摩擦损失,再通过压力与速度的转化关系得出整个系统的速度分布情况;瞬态传热模型是利用流动阻力网络模型得出的速度场计算对流传热系数,然后结合电池产热模型得出的产热量和电池单体集中参数热模型得出电池单体、电池单元以及电池模块的温度变化情况。Liu 等用 Runge-Kutta 算法将瞬态传热模型中的相关微分方程进行离散,通过 MAT-LAB 软件编程求解流动阻力网络模型和瞬态传热模型。这种简化计算模型的计算结果与 CFD 模型的结果进行了对比,二者吻合较好。

图 3-8(a)～(c)分别反映了风道的角度 θ、回风道端部最小宽度 ω_{min}、电池单元间距 l_{sp} 对电池单元的速度和温度分布均匀性的影响情况。从图中可以看出,速度和温度的均匀性随着风道的角度 θ 的增大而增大,为了使电池单元的最大温差小于 5℃,5C 放电时,角度 θ 不能小于 16.5°;4C 放电时,角度 θ 不能小于 13.2°。类似地,当角度 θ 为 10° 时,电池单元的间距 l_{sp} 分别至少为 16.4mm 和 10.1mm 时才能满足 5C 和 4C 放电时的最大温差小于 5℃。增大 θ 和 l_{sp} 这两种参数可以降低流道压力损失,但是也显著增大了电池模块的体积,降低了电池模块能量密度。当 θ 为 10°,l_{sp} 为 1mm 时,回风道端部最小宽度 ω_{min} 分别至少为 14.1mm 和 8.3mm 时才能满足 5C 与 4C 放电时的最大温差小于 5℃。比较结果表明,仅调节回风道 ω_{min} 大小比同时调节进风道和回风道 ω_{min} 更具有优势,因为进风道的压降没有回风道的压降明显。图 3-8(d)表示电池组内各个电池模块的进口流量、最高温度和最低温度情况,从图可以看出,各个模块的体积平均温度不相等,并且和进口流量呈反相关性。

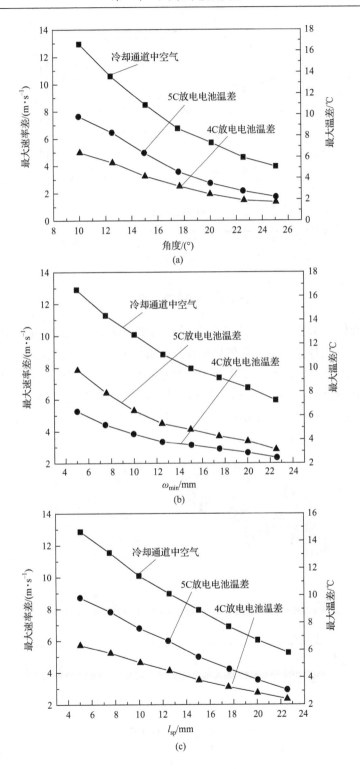

(a)

(b)

(c)

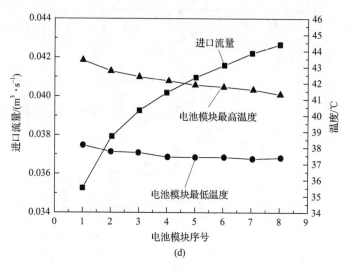

图 3-8　风冷散热特性[131]

韩国现代汽车公司的 Heesung[132] 根据热性能要求设计了一种特别的强制风冷散热模型,并用理论分析与数值模拟相结合的方法对不同通风结构进行了研究,然后进行了结构优化设计,其基本数值模型结构如图 3-9(a)所示,系统由两排电池组构成,每排电池组由 36 个电池单体和 37 个冷却通道组成,整个电池组电压为 270V,储能量为 1400W·h。结构尺寸和通风结构分别如图 3-9(b)和(c)所示,单体电池的表面热流密度为 245W·m^{-2}。

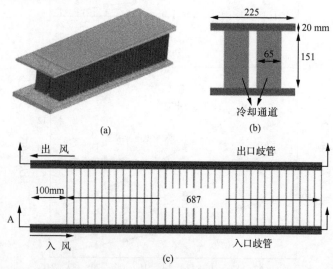

图 3-9　模型结构示意图[132]

冷却通道流量分布直接影响电池组的温度均匀性,通道结构对流量分布至关重要,在此前提下,Park 设计了五种不同的通风结构,如图 3-10(a)~(e)所示,第一种方案的进风歧管和回风歧管都是矩形的,第二种和第三种方案的进风歧管和回风歧管分别带有一定角度,第四种方案在第三种方案的基础上将出口的方向变为反向,第五种方案在第三种方案的基础上在右侧开一个窄长孔。

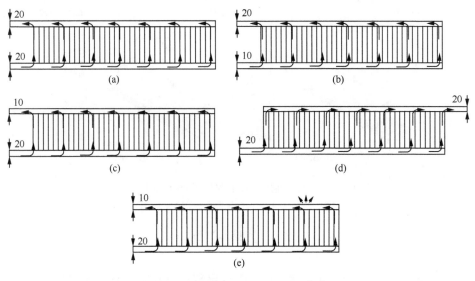

图 3-10 五种不同的通风方式[132]

图 3-11(a)~(e)反映了五种不同通风结构的电池组的温度分布云图。从图中可以看出,电池组的最高温度直接受流过冷却通道的流量的影响,第一种方式的最高温度出现在离出风口最远的一块电池上,这是由于最右边的流道空气流量最小;第二种入口渐放出口渐缩的方式使得电池组的最高温度所在地向出风口方向移动,传热恶化,最高温度比第一种方式高很多;第三种入口渐缩出口渐放的方式能大大降低最高温度,但仍不能满足热设计要求,对于入口出口在同一侧的情况,由于入口出口的流道压力急剧升高,流速大大降低,传热性能恶化,导致电池组温差较大;第四种方式能大大降低最高温度,通过这种方式可以看出释放远离入口较远的通道的压力能在很大程度上提高流量分布的均匀性,进而提高冷却性能;第五种方式借鉴第三种方式和第四种方式,最高温度低于第四种方式,最大温差低于20℃的设计要求。

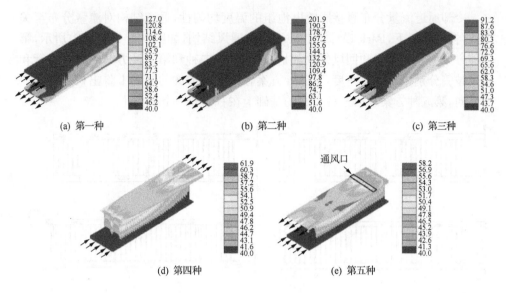

(a) 第一种　　　　　　　(b) 第二种　　　　　　　(c) 第三种

(d) 第四种　　　　　　　(e) 第五种

图 3-11　五种通风方式下的温度分布云图[132]

3.4　交替式通风

随着电池模块、电池组尺寸的增大,无论串行通风还是并行通风,都容易造成不同位置的电池单体之间温差过大,而通过对进、出风口进行改变,可进一步降低不同电池单体之间的温差。交替式通风,主要是通过周期性调换进风口和出风口位置对电池进行冷却的散热方式,其原理如图 3-12 所示。通过特殊结构设计,空气间歇式地从电池左侧或右侧经过,有助于避免出现左侧或右侧温度局部过高的现象。

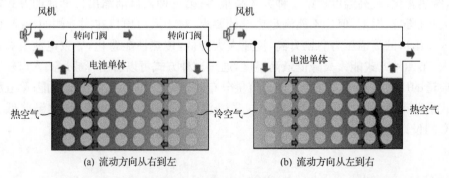

(a) 流动方向从右到左　　　　　　　(b) 流动方向从左到右

图 3-12　交替式通风示意图[122]

如图 3-13 所示为交替式通风时某一排电池温度分布的轮廓图。假设 τ 为一个进风周期,初始时刻($t_c = 0$),右侧进风;$t_c = \tau/4$ 时,改为左侧进风;$t_c = \tau/2$ 时,继续保持左侧进风;$t_c = 3\tau/4$ 时,又改为右侧进风;$t_c = \tau$ 时,继续保持右侧进风。与单侧通风相比,通过上述交替式通风,最左侧与最右侧电池温差明显降低,减小了电池模块内热量分布的不均衡性。

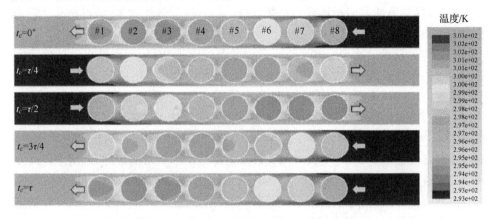

图 3-13　交替式通风电池温度分布的轮廓图[122]

3.5　电池排列方式

在常见的圆柱形电池组成的电池模块中,一般是将若干个电池单体通过串联、并联组成一个电池模块,然后根据电动汽车功率输出要求,将电池模块按照既定排列方式组成电池组装箱。常见的电池排列方式主要有顺排、叉排与梯形排列三种(图 3-14)。

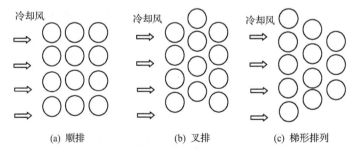

(a) 顺排　　　　　　　(b) 叉排　　　　　　　(c) 梯形排列

图 3-14　电池排列方式[133]

顺排排列是将电池顺序排列配置在电池箱体内,外部进入的冷却气流将畅通无阻地穿过电池之间的缝隙。其优点是流动阻力较小;缺点是气流不易受到扰动而产生湍流漩涡,与电池体的有效接触面积较小,对流换热较小,因此冷却效率不高,一般不采用[133]。

　　又排排列是将沿着空气流通方向,相邻两层的电池模块彼此错开地配置在电池箱体内,从外部进入的冷却气体通过电池之间的间隙后,会直接吹拂下一层电池的表面,然后绕过该电池体表面,流向电池两侧的间隙。其优点是增大气流经过电池的扰动,提高电池表面对流换热系数,降低热阻,提高散热效果;缺点是流动阻力损失较大[133]。

　　梯形排列是通过减少沿着气流流通方向上的电池数目,逐渐缩小沿着流通方向上通道的截面积,逐渐增大风速,进而增大换热系数。采用梯形排列方式,虽然沿着流通方向气体流动过程温度逐渐上升,但由于风速逐渐增大,换热系数增大,平衡了上下游的散热效果,使得电池组上下游的温度能基本控制在比较均匀的水平上[133]。

　　随着环境温度升高、电池尺寸增大以及对电池功率要求的增加,采用常规风冷式散热系统已经无法满足散热要求。对于铅酸电池,Choi 和 Yao[134]指出,依靠自然对流或强制对流并不能有效解决其温度升高的问题。对于 Li-Po 电池,由于聚合物的导热系数小,仅依靠风冷式散热系统无法有效解决散热问题[135]。Nelson等[136]对 Li-ion PNGV(partnership for a new generation of vehicles)电池进行研究时发现,当电池处在温暖环境下时,采用风冷式散热很难让 66℃ 的电池温度降到 52℃ 以下。Chen 等[137]通过数值模拟分析发现,强制对流的强度增加到一定程度后,其 Li-ion 电池温度分布的均衡性并没得到根本改善。Harmel 等[138]对 Ni-MH 电池进行热平衡分析也发现,当风速增大到一定限度后,继续增大风速,温度变化并不明显。Kim 和 Pesaran[139]也指出了风冷式散热的不足。随着负荷的增加,一般需要增加主动元件(如蒸发器、加热芯、电加热器或燃料加热器等),或增加制冷系统、空调等的负荷,进而增加电池组能量二次消耗,这又与效率的提高相矛盾。同时,风冷电池组整体系统结构也随负荷的增加变得更加复杂[140-143]。

　　因此,在小功率以及温度环境不恶劣的情况下,优先采用风冷式散热有助于降低整车成本,而当动力系统需要大功率动力电池组,以及电池尺寸较大、环境温度较高或者较低时,风冷式散热无法达到理想的热管理效果,需要考虑其他热管理方式。

3.6　单体电池结构的影响

　　电池单体的结构对散热也有非常重要的影响,针对这一因素,Zhang 等[144]对四种 3.2V/50A·h 方形 LiFePO₄ 动力电池单体分别构建了相应的电池模型,如图 3-15 所示。四种电池体积一样,高度一样,但截面周长不一样,具体外形尺寸见表 3-1。他们运用实验与数值模拟相结合的方法研究了不同放电倍率以及换热系数情况下的电池散热性能,并通过实验结果优化分析得到最佳的外部尺寸和电池大小。单体电池的尺寸和表面传热系数对电池的散热性能有重要的影响,3.2V/50A·h 方形 LiFePO$_4$ 动力电池的外形尺寸为 180mm×30mm×185mm 时,其散热性能相对最好;当电池尺寸为 180mm×30mm×185mm,表面换热系数至少为 20W·m^{-2}·K^{-1} 时,单体电池的最高温度才能有效地被控制在最优的运行温度之下。

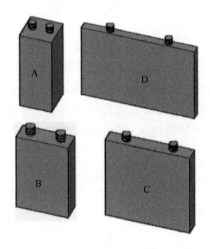

图 3-15 四种结构的单体电池[144]

表 3-1 四种电池的外形尺寸[144]

类型	长/mm	宽/mm	高/mm	外表面积/mm²
A 型	73	73	185	65 178
B 型	120	45	185	71 850
C 型	180	30	185	86 500
D 型	270	20	185	118 100

第4章 液冷式电池散热

4.1 概　述

采用液体为介质对动力电池进行热管理,包括液体冷却系统和液体加热系统。液冷式电池散热是在风冷式散热无法满足预期散热效果的背景下发展起来的。液体的导热系数和比热容比空气的高,表 4-1 为水在不同温度下的导热系数。液冷式电池散热结构可以分为被动式和主动式两种情况。被动式系统中,液体与外界空气进行热量交换,将电池热量送出;主动式系统中,电池热量通过液—液交换的形式被送出。

表 4-1　不同温度下水的导热系数[145]

温度/K	导热系数/(W·m^{-2}·K^{-1})	温度/K	导热系数/(W·m^{-2}·K^{-1})
275	0.5606	325	0.6445
280	0.5715	330	0.6499
285	0.5818	335	0.6546
290	0.5917	340	0.6588
295	0.6009	345	0.6624
300	0.6096	350	0.6655
305	0.6176	355	0.668
310	0.6252	360	0.67
315	0.6322	365	0.6714
320	0.6387	370	0.6723

液体为介质时,可在电池模块间布置管线,或围绕电池设置夹套,也可直接把电池单体或模块沉浸在液体中。电池和液体直接接触时,液体可以是水、乙二醇以及制冷剂等;非直接接触时,液体必须是电介质,并保证绝缘,避免短路。

液冷式电池散热的优点主要有[127]:

(1) 由于液体的导热系数较高,与电池壁面之间换热系数高,散热量大,冷却速度快,冷却效率高;

(2) 散热系统体积较小,结构简单,符合电动汽车空间紧凑性的具体要求。

4.2　被动式和主动式

液冷式电池散热的原理如图 4-1 所示。在被动式液冷系统中,液体介质流过电池被加热,温度上升,热流体通过泵进行输送,通过换热器与外界空气进行热量交换,温度降低,被冷却的流体(冷却液)再次流过电池,结构简单,成本低。在主动式液冷系统中,热流体与外界的热量交换主要通过汽车发动机冷媒或与空调系统结合的方式进行。被动式液冷系统的能耗主要来自泵与风扇,而主动式液冷系统的能耗主要来自泵与制冷系统。对于电动汽车尤其是 EV,空调系统对电池能量的消耗所占比例较大,而采用主动式液冷系统将进一步增大空调对电池能量的消耗。

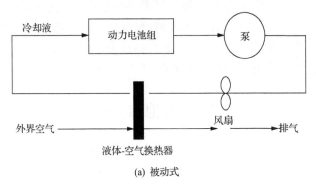

(a) 被动式

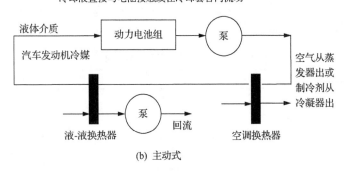

(b) 主动式

图 4-1　液冷式电池散热原理图[83]

由于被动式液冷系统主要与外界空气进行热量交换,当外界环境温度较高时,为达到高效散热,必须增大风速或者换热器面积。另外,被动式液冷系统不适用于环境温度接近甚至高于电池可承受最高温度的情况。对于主动式液冷系统,由于可以与空调系统相结合,所以受环境温度影响小。

4.3　直接接触式与间接接触式

　　根据电池与冷却液体接触方式的不同,液冷式散热系统也可分为直接接触式与间接接触式两种。

　　直接接触式液冷系统中,冷却液体直接与电池或电池模块表面接触,所采用的冷却液体一般是电绝缘且热导率高的液体(如硅基油、矿物油),它能够很好地解决模块温度均衡性问题,但是由于绝缘液体黏度较大,流速通常不高,从而限制了其换热效果。系统的热交换效率很大程度上取决于流体的热导率、黏度、密度、速度以及流体流过电池的方式[124,125,146]。

　　间接接触式液冷系统中,冷却液体在管道内流动,通过翅片或热沉等介质与电池接触,带走热量,从而对电池进行冷却。对于圆柱形电池,也可设置成环形夹套式结构,由于没有绝缘要求,且没有流速限制,所以可以选用热导率高的液体,换热效果非常好。但在温度的均衡性方面,不如直接接触式的液冷。为了防止泄漏及短路,间接接触时,对管道的密封性要求较高[124,125,146]。

4.4　液冷式电池散热效果

　　与空冷式散热系统相比,液冷式散热系统虽然复杂,但冷却效果好(表 4-2)。电池单体或模块和液体之间的传热效率与液体的热物性(如导热系数、黏度、密度以及流动速度等)都有关系。流速相同时,大多数直接接触式液体(如矿物油)的传热效率远优于空气。由于油黏度较高,需要较大的泵送功率,因而导致其流速低,有效传热系数仅比空气高出 1.5~4 倍[101]。

表 4-2　液冷式与空冷式散热对比[128]

冷却介质	空气	液体
流动方式	在管道内流动	在管道内流动
与电池模块接触方式	直接接触	间接接触(矿物油)
		直接接触(水或乙二醇)
设计	简单	复杂
传热效率	较低	较高
容积效率	低	高,结构紧凑
成本	较低	较高
维护	要求较低,容易实现	要求较高,较难实现
密封	密封要求低	密封要求高
电池摆放位置	对摆放较敏感	对摆放不敏感
其他	黏度较低	黏度高,还可用于电池加热

Pesaran[36]等对产热量为 30W 的电池模块进行了油和空气冷却的对比实验，在空气和油初始温度均为 25℃，电池模块初始温度为 30℃ 的情况下，空气冷却后的电池模块最高温度为 54℃，而油冷为 45℃。

Karimi 和 Li[147]在方形电池组两侧布置冷却通道，一侧通入空气，以通道中空气自然对流对电池组进行冷却；另一侧则分别通入空气、硅油和相变材料（以较大比热容流体代替），以流体强制对流对电池进行换热。结果表明，在使用硅油对电池进行冷却之后，最接近冷却通道的电池温度降低了 4℃。

Nelson 等[136]对比了聚硅酮电介质流体和空气的电池热管理效果，验证了液体介质无论加热还是冷却效果都优于空气。对采用水冷的 Ni-Cd 电池，电池的热平衡也控制得较好[148]。

张国庆等[149,150]设计了一种 EV 和 HEV 用电池组液体冷却系统，并结合单体 D-Sized 系列 Ni-MH 电池进行了数值模拟，模拟结果显示，当液体（矿物油）流速为 2m·s^{-1} 时，温差控制在 1℃ 以内。

随着液冷式散热的不断发展，既有独立于电池组的散热结构设计，也有与整车相结合的设计[151,152]。为提高整车性能，2012 年起，Ford 汽车公司的 Li-Po 电动汽车均采用液冷式散热系统进行电池热管理。General Motorsd 也已研制出液（水）冷式电池热管理系统。

4.5　夹套结构液冷系统

4.5.1　系统工作原理

对于圆柱形电池，结合套管式换热器的结构，可设计夹套式液冷系统。电池外套一层环形腔体，电池与外壳之间为液体流道，液体工质既可与电池直接接触，也可不与电池直接接触，能满足多种情况下电池的高效散热（甚至低温环境下对电池进行加热）。

电池组夹套式液冷系统示意图如图 4-2 所示。系统由电池箱/组、套管式换热器、泵、管道、三通阀、分液头等构成。每个电池组包含若干电池模块。

自套管式换热器下端出口出来的冷却液体在电池模块箱体上部管道安装的水泵作用下，从箱体下部的分液头分别引入每个电池模块，在电池模块内部对每个电池单体进行充分冷却，经过冷却后的加热液体再从箱体上端的分液头汇集于回流管道，被加热后液体通过回流管道重新回到换热器进行冷却，如此循环对电池组起到持续冷却的作用。安装在换热器制冷剂管道进口处的热力膨胀阀则感应换热器出口端的温度进行阀门开度调节，从而可以控制回流液体的冷却程度。当电池在不同设定温度范围内工作时，温控三通阀通过温度传感器采集电池模块出口处的

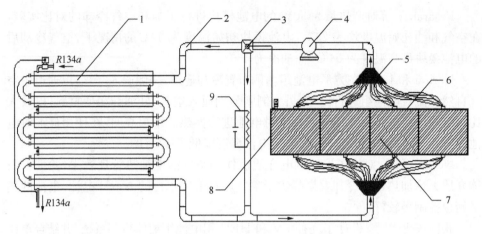

图 4-2　夹套式液冷系统示意图[150]

1-套管式换热器；2-管道；3-三通阀；4-泵；5-分液头；6-电池模块箱；7-电池模块；8-电池箱/组；9-电加热装置

温度，将该温度值与设定温度进行比较并作出响应，从而控制两条不同管道之间的切换。系统中的加热装置是电动车在比较寒冷的环境下运行时特别设计的辅助装置，用于对电池进行加热[149]。

4.5.2　单体电池结构

在夹套式液冷系统中，以圆柱形电池单体作为基体，外部加装壳体，紧密配合构成冷却流道，它们之间通过沿圆周均布的四条肋连接固定，同时采用绝缘胶加固，以防止电池脱落。基体与壳体共同组成电池单体结构（图 4-3），基体与壳体之间的间隙以保证整个电池单体冷却液体流动畅通，冷却液体由电池单体下部流道流进，从单体上部流道流出，持续流过电池壁面，对电池进行冷却[149]。

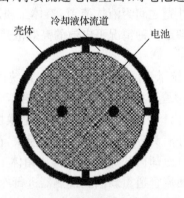

图 4-3　电池单体结构示意图[149]

4.5.3　电池模块结构

　　每个电池模块包括若干电池单体,图 4-4 所示为电池模块结构示意图。电池单体之间通过电池连接片按次序连接,电池连接片的固定则是通过电池模块顶盖上的肋来压紧,为防止肋对电池的过度压紧,可在电池连接片下部加上一个柔软垫片,在固定连接片的同时还可以确保电池单体垂直方向的固定。电池单体安装就位后,电池壳体外壁与底板孔隙内壁的间隙可用良好密封性能的材料(如硅酮玻璃胶)密封,以防止冷却流体渗入造成冷量损失[149]。

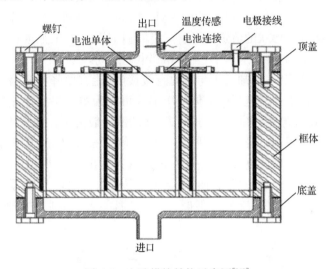

图 4-4　电池模块结构示意图[149]

　　为确保电池单体之间的温度保持均衡,必须使冷却流体均匀稳定地流过每个电池单体流道,电池模块流体进出口分别采用能够平均分流的导流底盖和导流顶盖,导流顶盖和导流底盖通过合适的螺钉固定安装于模块框体上,在电池模块出口端安装一个温度传感器,对电池温度进行实时采集。为使电池模块之间的电池进行串联连接,需通过拧在导流顶盖上的电极接线柱将模块电源引出。为了确保模块内部液体的良好密封,可在电极接线柱上缠上生料带[149]。

　　在电动汽车的实际运行过程中,电池组内各模块的定位及安装不仅涉及单个电池模块的维护及更换,而且直接影响整个电池组的安全运行。考虑到制造、安装、定位、连接等多种因素,电池组内各模块一般采用整齐排列的方式进行安装[149]。

4.6　板式液冷系统

4.6.1　单进单出式流道

与圆柱形电池相比,方形电池形状规则,表面平整,在相邻电池单体之间可以通过插入板式散热组件(下称冷板)的方式对电池进行冷却。冷板一般由导热系数较高的铝、铜等金属材料加工而成,有多种结构。可直接将方形金属板材一端直接夹在电池之间,另一端伸出电池外部,通过金属材料的高导热作用将电池热量导出,伸出电池部分的板材通过风冷进行冷却。而高效的冷板式液冷系统,主要通过在板材内部焊接各种形状的流道,使液体从流道内流过,对电池进行冷却;也可直接采用扁平管式结构,将管道压平,置于相邻电池之间。

冷板式液冷系统中,冷却液不与电池直接接触,能有效降低短路风险,提升电池组安全性。冷板中的流道根据液体进出形式可分为单进单出式流道、单进多出式流道、多进单出式流道、多进多出式流道,冷却液一般为水。如图 4-5 所示,为单进单出式流道示意图,其中冷却液进、出口可异侧分布,液体从左侧流入,右侧流出;冷却液进、出口也可同侧分布,左进左出或右进右出。单进单出式流道结构冷板的优点主要有结构简单,安装方便;缺点主要是管内流动阻力大,易增加泵耗,并且电池尺寸较大或冷却液流速较低时,进出口温差大,不利于电池温度的均衡分布。

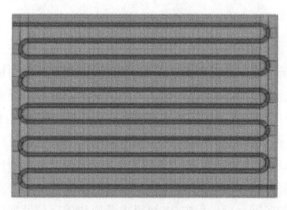

图 4-5　单进单出式流道示意图[151]

Yuan 等[153]采用数值模拟的方法,对冷却液进、出口分别为同侧和异侧分布时,冷板式液冷系统对电池的冷却进行了分析,流道中冷却液的速度分布如图 4-6 所示,主流道连接四个支道。结果发现,进、出口在同一侧的流道结构,流场更为均匀。进、出口同侧时,流道 1～4 中的冷却液流速依次递减。方形电池一般采用正负极耳同侧布置,另外,电池在充放电过程中,电极处的温度高于其他部位。因此,冷却液进、出口同侧时,将电池极耳端(即电池高温端)指向流道 1,电池低温端指向流道 4,能降低电池的温差,提升电池温度的均衡性。

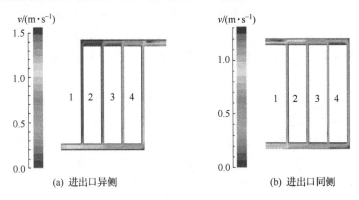

(a) 进出口异侧　　　　　　　　　　(b) 进出口同侧

图 4-6　进、出口位置不同时速度分布[153]

4.6.2　多进多出式流道

多进多出式流道板式液冷系统中,冷却液进、出口均为两个或两个以上。当电池尺寸较大时,采用单进单出式流道,冷却液流速越大,电池温差越小,但同时泵耗也越大。为减小流动阻力,降低泵耗,可以采用多进多出式流道。多进多出式流道的缺点是冷却液进、出口越多,系统越复杂,存在漏液的可能性越大。如图 4-7 所示,为冷却液进、出口同侧的双进双出式流道。

图 4-7　双进双出式流道示意图[154]

南京航空航天大学的徐晓明和赵又群[154]选取双进双出式流道的板式液冷系统对 2 并 12 串的电池模块进行了散热研究,他们设计的电池冷却系统中,冷却液循环路径为:水泵—压力表—流量计—散热器—压力表—水冷板—压力表—阀门—水槽—压力表—水泵,实验时选用去离子水作为冷却液。由于水泵在运行时温度较高,所以安放在水槽上面,以降低水泵温度。搭建液冷实验系统时,应当充分考虑系统可能的漏液和过压情况,同时还要考虑进液流量的稳定性。随后他们也设计了单进单出式、三进三出式、六进六出式流道的板式液冷系统,根据场协同原理,随着冷却液进、出口数量的增加,冷板的速度均匀性越好,散热性能逐次提高[155]。

天津大学的 Liu 和密歇根大学的 Chen 等[156]采用硅油作为冷却介质,对电动汽车的 Li-ion 电池组进行了冷却。电池组由 20 个方形电池串联而成,总容量为 20A·h。冷却通道布置于紧贴电池组两侧的铝板中,通过硅油与冷板之间的对流传热把热量带出。结果显示,在雷诺数为 1150,环境温度为 20℃,放电倍率为 2C 时,靠近冷却通道的电池在放电结束后温度低于 30℃,而在中间的电池温度将达到 35℃。

基于板式微通道的方形 Li-ion 动力电池冷却系统如图 4-8 所示,冷板材料采用具有高导热系数的铝,冷却液体采用液态水,电池以 5C 高倍率恒流放电。模拟结果显示,由于放电倍率较高,在没有冷板,即电池处于空气自然对流冷却下,电池经过 720 s 放电结束后最高温度达到 77.33℃,局部温差高达 13.19℃;而在采用两通道的冷板液冷系统后,在进口流量为 5×10^{-6} kg·s^{-1} 时,电池的最高温度下降为 63.43℃,局部减小至 9.60℃。除此之外,模拟结果显示,基于板式微通道的液冷系统性能受微通道个数、液体进、出口位置、液体进口流量和环境温度的影响,而 6 通道液冷系统在液体以流量为 5×10^{-4} kg·s^{-1} 从极柱侧进入时可以满足电池的正常使用,此时,电池在以 5C 放电结束后所达到的最高温度为 30.61℃,局部温差为 4.94℃。随着液体进口流量的增加,液冷系统的冷却性能逐渐降低,如

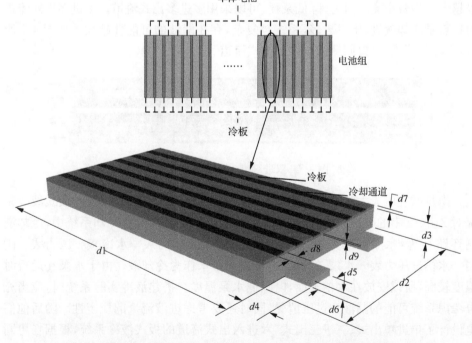

图 4-8　基于板式微通道的方形 Li-ion 动力电池冷却系统示意图[157]

图 4-9 所示。图 4-10 为不同液体流动方向的示意图,箭头所指为液体流动方向。图 4-11 为当每个通道的进口流量均为 $5×10^{-6}$ kg·s^{-1} 时,电池同样以 5 C 倍率持续放电 720 s。从图 4-11 中可以看出,设计 2 的散热性能和均温能力为所有结构中最差,在 720 s 时电池最高温度为 63.28℃,局部温差为 13.94℃。相对于设计 2,设计 1 表现出更优秀的散热性能和均温能力,设计 1 在放电结束后电池最高温度(58.40℃)比设计 2 降低了 4.88℃。但设计 1 的电池局部温差不是所有结构中的最小值,局部温差最小的是设计 3,为 9.02℃。将进口流量增加至 $5×10^{-4}$ kg·s^{-1},所得结果如图 4-12 所示,可以看出,增加流量后,流向对电池温度的影响变小。和其他结构比较,设计 1 在放电结束后电池最高温度仍然是所有结构中的最小值,为 30.61℃。此外,在进口流量变为 $5×10^{-4}$ kg·s^{-1} 后,设计 1 的电池局部温差成为所有结构中的最小值,为 4.94℃。

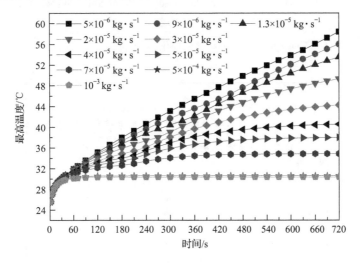

图 4-9　不同进口流量下电池最高温度变化曲线[157]

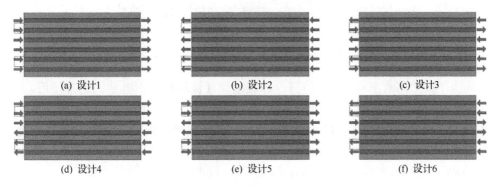

(a) 设计1　　　　　(b) 设计2　　　　　(c) 设计3

(d) 设计4　　　　　(e) 设计5　　　　　(f) 设计6

图 4-10　不同液体流向示意图[157]

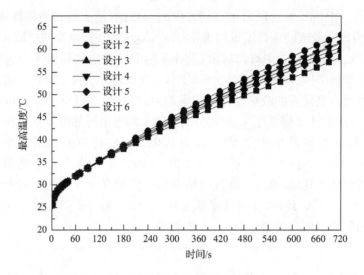

图 4-11　不同流向下电池最高温度变化(流量为 5×10^{-4} kg·s^{-1})[157]

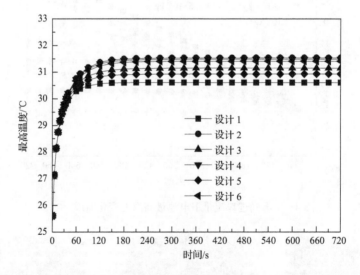

图 4-12　不同流向下电池最高温度变化(流量为 5×10^{-4} kg·s^{-1})

由于仅采用液态水对电池进行冷却难以保证极端环境下电池的正常使用,霍宇涛等采用体积百分数为 1% 的 Al_2O_3-水纳米流体作为冷却介质。电池的产热由实验拟合所得,拟合结果如图 4-13 所示。在 720 s 放电结束后,电池的最高温度随着纳米流体进口流量的增加而降低,如图 4-14 所示。结果显示,在极端工作环境下,为保证电池的正常使用,需结合主动制冷以降低通道进口液体温度。

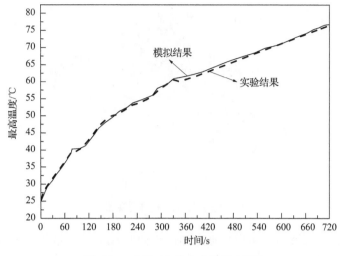

图 4-13　电池 5C 放电产热拟合[157]

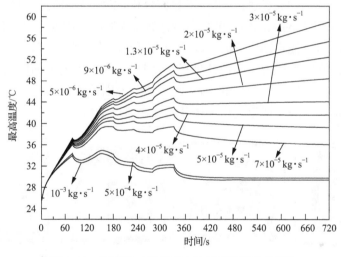

图 4-14　不同进口流量下电池最高温度变化[157]

4.6.3　蛇形通道冷板

在基于单进单出式流道的板式液冷系统中,冷却液的流动阻力随着管道回路次数的增加而增大,但由于其结构简单,一直吸引着国内外许多学者的不断研究。如图 4-15 所示,为单进单出式蛇形流道冷板的剖视图(沿 xy 面对称)。流道在板内并没有平行分布,而是呈蛇字形曲折回旋,能避免出现由于冷却液在进口端温度低、在出口端温度高而导致的电池靠近冷却液进口端部分冷却效果好、靠近出口端部分冷却效果不好的现象。

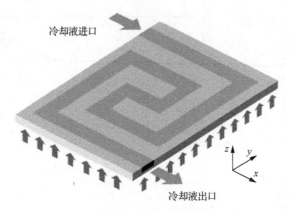

图 4-15　蛇形通道冷板的剖视图[158]

　　对于蛇形通道的结构,可以根据电池的产热特性以及热量传递和分布的规律进行合理设计。加拿大女王大学的 Jarrett 和 Kim 对如图 4-16 所示的八种不同结构蛇形通道冷板的电池散热特性进行了数值分析,发现冷却液进、出口的宽度,流道的形状与分布等均对电池的温度分布特性有较大影响。即使在电池最高温度差别不大的情况下,电池不同部位的温度分布也可能因为蛇形通道结构的不同而呈现差异。因此,在蛇形通道结构设计过程中,同样既要考虑电池的降温,又要考虑电池的均温。除此之外,Jarrett 和 Kim 还得到了分别针对最小冷板平均温度、最小冷板温度标准差、最小通道进出口压降的优化通道结构。

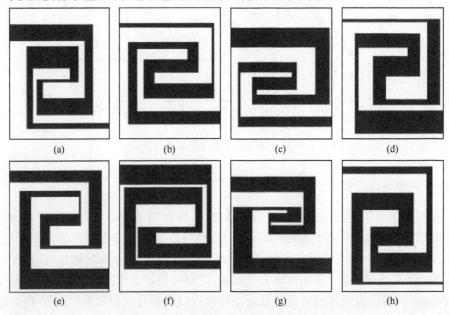

图 4-16　不同结构的蛇形通道冷板[158]

Jarrett 和 Kim[159]基于上面所提的三种最优结构,研究了热流量分布、热流量大小和通道进口流量对冷板平均温度 T_{avg}、冷板温度标准差 T_σ 和通道进出口压降 P_{fluid} 的影响,各种边界条件如表 4-3 所示。

表 4-3　边界条件[159]

边界条件(BC)	热流量		进口质量流量
	梯度	平均热流量/(W·m^{-2})	/(kg·s^{-1})
Reference BC	均匀分布	500	0.001
BC 1(+y)	沿+y 方向线性减小	500	0.001
BC 1(−y)	沿−y 方向线性减小	500	0.001
BC 1(+x)	沿+x 方向线性减小	500	0.001
BC 1(−x)	沿−x 方向线性减小	500	0.001
BC 2	均匀分布	500	0.0004
BC 3	均匀分布	500	0.002
BC 4	均匀分布	200	0.001
BC 5	均匀分布	1000	0.001

表 4-4 为 Jarrett 和 Kim 所模拟的部分结果,从表中可以得到以下 3 个规律。

(1) 随着传入冷板的热流量增大,通道进、出口压降减小,而冷板平均温度和温度标准差均增大。

(2) 进口质量流量的增大使通道进、出口压降增大,而平均温度和温度标准差减小。

(3) 不同的热流密度分布会影响冷板的进、出口压降和温度分布,但实际情况下,电池的产热是一个复杂的过程,冷板的通道设计需要根据实际情况进行选择。

表 4-4　不同边界条件下冷板平均温度 T_{avg}、冷板温度标准差 T_σ 和通道进出口压降 P_{fluid}[159]

结构	热流量分布	热流量大小/(W·m^{-2})	质量流量/(kg·s^{-1})	P_{fluid}/Pa	T_{avg}/K	T_σ/K
最小冷板温度标准差	+y	500	0.001	25 464	308.86	1.17
	−y	500	0.001	19 098	307.15	1.64
	+x	500	0.001	20 047	307.17	1.46
	−x	500	0.001	23 457	308.13	1.48
	均匀分布	500	0.001	25 124	308.31	1.22
	均匀分布	500	0.0004	3 130	319.33	2.95
	均匀分布	500	0.002	46 901	304.11	0.75
	均匀分布	200	0.001	27 345	303.28	0.49
	均匀分布	1 000	0.001	20 535	315.94	2.47

续表

结构	热流量 分布	热流量大小 /(W·m^{-2})	质量流量 /(kg·s^{-1})	P_{fluid}/Pa	T_{avg}/K	T_σ/K
最小冷板 平均温度	$+y$	500	0.001	1 773	306.55	2.47
	$-y$	500	0.001	1 526	303.82	2.87
	$+x$	500	0.001	7 983	304.77	2.11
	$-x$	500	0.001	1 795	304.89	3
	均匀分布	500	0.001	1 232	305.25	2.32
	均匀分布	500	0.000 4	481	313.82	6.31
	均匀分布	500	0.002	3 438	302.73	1.33
	均匀分布	200	0.001	1 618	302.15	1.04
	均匀分布	1 000	0.001	1 283	310.55	4.95

4.6.4　超薄内斜翅片微通道液冷板

在传统的直通道冷板中,沿着流动方向,流动由入口段逐渐变成充分发展段,对流换热系数逐渐降低,导致最高温度升高,温度梯度增大[160]。在此基础上,新加坡国立大学和西安交通大学的 Jin 等[160]设计出一种超薄内斜翅片微通道冷板(LCP),当流量和负载分别为 0.1L·min^{-1}、220W 和 0.9L·min^{-1}、1240W 时,该设计的冷板能够使两边的加热器表面温度降低到 50℃以下。该冷板的实物模型和内部结构尺寸分别如图 4-17 和图 4-18 所示。所设计的 LCP 由两块板组成,每块板包含相同尺寸与数量的斜翅片,如图 4-18(a)所示;斜翅片的斜切角度和宽度

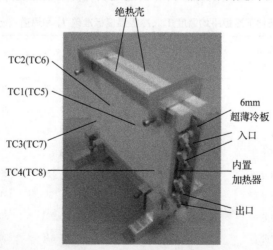

图 4-17　冷板实物模型[160]

均进行过优化设计,冷板中的流道总体呈现 U 形结构,如图 4-18(b)所示。图 4-19
反映了双进双出情况下,该微通道冷板内部流动分布的二维模拟结果,从图中可以
看出,除了少数区域,流动整体比较均匀。

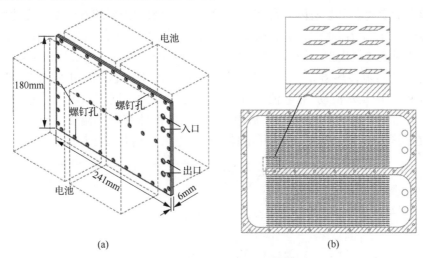

(a)　　　　　　　　　　　　　　　　(b)

图 4-18　冷板模型与结构示意图[160]

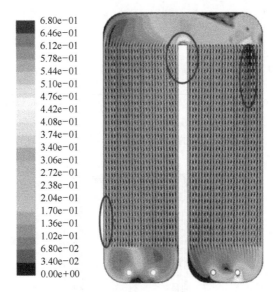

图 4-19　冷板流动模拟结果[160]

冷板中的斜翅片打破了流动的充分发展端,使流动边界层周期性地发展,流动
过程中的分叉流动使热量加速扩散到流动的中心,流动入口端的对流换热系数高
于充分发展端的对流换热系数,因而内斜翅片微通道冷板具有更高的换热系数,并
且 T 形分流口的流动要比直通道的流动更均匀。

4.7　其他液冷系统

温度的变化会引起液体的密度变化,图 4-20 为水的密度随着温度的变化关系曲线,随着温度上升,水的密度和温度的关系满足图 4-20 中的表达式。图 4-21 为二维单相对流传热模型,其中,1 为产热区域,2 为单体电池,3 为液体区域,4 为绝热界面,5 为对流传热边界。由于电池的产热分布不均匀,区域 3 中的水会产生温差和密度差,驱动水流动,对电池进行散热。图 4-22 为不同产热量下采用液体冷却和空气自然对流冷却,电池持续放电 720 s 后的液体和空气温度。从图中可以看出,在同样的电池产热量下,采用液体冷却比空气自然对流冷却温度下降 5℃。

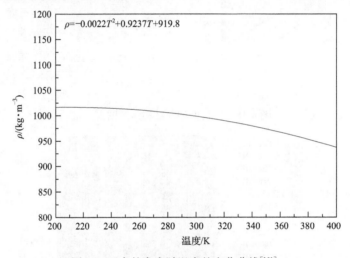

图 4-20　水的密度随温度的变化曲线[161]

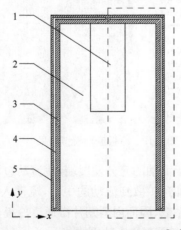

图 4-21　二维单相对流传热模型[161]

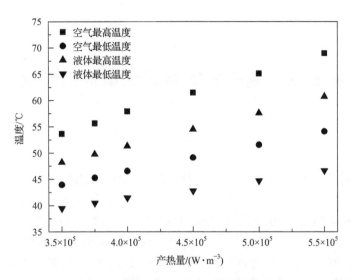

图 4-22　不同产热量下空气和液体温度[161]

　　液冷式电池散热系统,热管理效果良好,能有效降低电池的工作温度和局部温差,但同时也存在系统结构复杂,需要水套、换热器和液体泵等部件,质量相对较大,潜在漏液可能以及维修保养不易等负面因素。在电池尺寸和功率要求相对较大,或大电流放电瞬间产热明显,以及对电池工作条件要求比较恶劣、热管理优先的电动汽车电池系统中,液冷式电池散热方式具有比风冷式散热更明显的优势。

第 5 章　基于相变材料的电池热管理

5.1　概　述

相变材料(PCM)是在相变过程中温度保持不变或变化范围很小,但能吸收或释放大量潜热的物质。目前,PCM 已经在许多领域得到了广泛应用,例如,作为热保护系统用在空间领域、电子装置和储能装置中的主动式或被动式冷却系统等。PCM 的制备与表征、蓄热传热特性以及数学模型与模拟工作也得到充分关注。PCM 用于电动汽车电池热管理系统,最早由 Al-Hallaj 等[162]提出并由 Al-Hallaj 和 Selman 申请专利。采用 PCM 时,电池单体或模块可直接浸在 PCM 中,通过 PCM 熔化或凝固时吸收和放出的热量对电池进行热管理。

Li-ion 电池组尺寸和放电电流的增大,会导致其热问题更加突出[114,163],尤其是散热,当风冷式散热和液冷式散热的成本和系统过于复杂等问题变得更为突出时,PCM 在电池中的热管理优势就变得比较明显。Khateeb 等[32]针对电动滑板车的 Li-ion 电池组,建立了包含 18 个 18650 电池的二维非稳态模型,采用 PCM(熔点 40~44℃)进行热管理,其中 PCM 的质量是电池的 28.6%,模块设计简单且热管理效果理想。随后,他们又通过实验的方式,在该模块的基础上对比了分别采用自然对流冷却、泡沫铝、PCM、PCM/泡沫铝四种情况下的散热效果,PCM/泡沫铝散热效果最为明显,比自然对流冷却下最高温度降低了 17.5℃[62]。Mills 和 Al-Hallaj[164]对由 6 个 18650 电池组成的 Li-ion 电池组进行数值模拟分析表明,电池最高温度能根据需要控制在 55℃以内。Sabbah 等[63]对比了主动空气冷却和 PCM 冷却对大功率 Li-ion 电池(18650,1.5A)的热管理效果,当电池的工作温度或环境温度较高(40~45℃)时,空气冷却已经失效,而 PCM 冷却能保持电池温度低于 55℃(6.67C 放电)。对于高能量的 Li-ion 电池(18650,2.4A)在大电流以及高环境温度下的放电,Kizilel 等[165,166]通过实验进行了分析,对于模块内不同的电池组合,PCM 均能增强电池的热稳定性与电化学性能。Rao 和 Zhang[83,167-169]设计了由 6 个 SC 型 Ni-MH 电池组成的模块,实验中让电池钢质外壳直接与 PCM 接触,结果显示电池温度下降了 14~18℃,并表现出优于空气冷却的散热效果;对于 Li-ion 电池的散热,具体可参见文献[22]。Duan 和 Naterer[52]采用电加热模拟电池放电特性,对恒定产热速率、变产热速率、变环境温度以及周期性环境温度下的电池 PCM 热管理进行了实验分析,进一步验证了 PCM 电池热管理的可行性和高效性。

与以空气和液体为介质的电池热管理系统相比,采用 PCM 为介质的电池热管理系统简单、不需要额外运动部件、低消耗甚至零消耗电池能量,适合于环境温度较高、电池非稳态放电等多种实际工况。

5.2　基本原理

如图 5-1 所示,当将 PCM 用于电池热管理系统时,把电池组直接浸在 PCM 中,也可以采用夹套式结构,在单体电池外部套一层环形 PCM,形成一个稍大的单体电池,进而再组成电池组。在电池进行放电时,系统把热量以相变潜热的形式储存在 PCM 中,从而吸收电池放出的热量而使电池温度迅速降低。电池通常布置成对称形式,模块 A、B、C、D 作为数学模型的边界,其条件与模块包装材料以及模块在整个电池堆中的位置等多方面的传热条件均有关,电池中间对称面则作为传热计算的绝热面[170]。

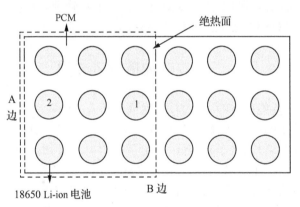

图 5-1　采用 PCM 的电池热管理系统结构[171]

对于设计良好的 PCM 电池热管理系统,PCM 的温度保持恒定,与 PCM 的固-液、固-固相变温度(phase change temperature,PCT)相当。在电池进行充电时,特别是在比较冷的天气环境下(即大气温度远低于 PCT),PCM 把热量排放到环境中去。然而,整个过程总的净热流量是朝向 PCM 的,它在正常情况下具有足够大的热容量,可吸纳来自电池放电过程中的热量,而自身温度较之 PCT 只有一个很小程度的升高。PCM 中过剩的热量源自放电-充电过程的净热效应,最终也将排放到环境中去。这就表明,PCM 必须选择相变温度高于环境温度的材料[170]。

5.3　PCM 性能要求

PCM 的热物理性质是决定电池热管理系统热管理效果的关键因素,因此,在基于 PCM 的电池热管理系统中,PCM 应满足如下要求:

(1) 具有适宜的相变温度(一般应高于环境温度,低于电池热管理的最高目标温度);

(2) 相变潜热大,比热容以及导热系数大;

(3) 相变过程体积变化小;

(4) 过冷度小或者没有过冷现象;

(5) 化学性质稳定、无毒、不易燃、不易爆;

(6) 储量大、价格低廉。

根据电池适宜的工作温度范围,一般用于电池热管理系统的 PCM 相变温度主要集中在 30～50℃,目前用于电池热管理的 PCM 主要为石蜡。由于单一 PCM 存在导热系数低等缺点,因此,为了更好地进行电池热管理,目前一般采用往 PCM 中添加其他导热材料的方法提高其传热系数。

5.4　动力电池的基本类型

电动汽车综合性能提升的内在需求,促进了动力电池向高功率、高比能量的方向发展。例如,整车的小型化、轻量化特性决定了动力电池组的质量不宜过大、体积不宜过大;行驶距离长、整车成本低,决定了动力电池必须具有循环寿命长的特点。一般来说,电动汽车电池组由多个电池模块或单体电池通过串、并联叠置而成,常用的单体电池从形状上看有圆柱形、方形以及椭圆形等几种[172]。由于电池组成组以及在电动汽车上安装时的紧凑性要求,目前用于电动汽车的动力电池主要有圆柱形和方形两种。近年来,围绕电动汽车动力电池展开的一些研究,如电池的热分析、热管理等,均以圆柱形和方形两种形状的电池为研究对象[122,158,173-175]。

电池形状的不同势必会引起电池结构的差异,常见的圆柱形电池正负极分别位于电池两端,而方形电池的正负极一般位于同侧。在电池充放电过程中,热量的产生与传递都会随着电池结构的不同而变化。由于电池结构的差异性,针对特定形状的动力电池研究电池热管理系统的传热规律尤为重要。在电池的散热方面,与以空气和液体为介质的冷却方式相比,基于相变传热介质(PCM)的电池散热系统,由于无需额外电池电能消耗,节能效果更为明显。目前对于圆柱形与方形动力电池,无论实验还是数值模拟,都主要体现在验证各种散热方式的合理性与有效性。下面就分别以圆柱形和方形 Li-ion 动力电池为例说明 PCM 的导热系数对 PCM 电池模块散热的影响。

5.5　基于 PCM 散热的圆柱形动力电池系统

饶中浩等[176]为研究 PCM 导热系数对圆柱形电池系统的影响建立了如图 5-2 所示的动力电池散热系统。单体电池采用夹套式结构,电池外部套有环形钢壳,钢壳与电池之间的环形腔内填充 PCM,所用 PCM 为石蜡。为克服石蜡的低导热系数,以石蜡为基材,泡沫铜(copper foam,CF)为骨架材料,制备成高导热的 CF/PCM 复合 PCM,以强化传热介质中的传热。电池模块由若干单体电池串、并联而成,电池模块内含 24 个单体电池,为避免电池模块中间部位局部温度过大,电池采用正负极交叉式排列组合。单体电池采用 42110 型磷酸铁锂(LiFePO₄)动力电池,标称容量为 10A·h,电池模块电压为 38V(12S×2P:S,Series;P,Parallel),容量为 20A·h。CF/PCM 复合 PCM 填充在模块内各电池之间的空隙中,基材石蜡的熔点有 37℃、40℃、44℃三种不同规格,石蜡的相变潜热≥180kJ·kg⁻¹·℃⁻¹,导热系数约为 0.2W·m⁻¹·K⁻¹。骨架材料泡沫铜从长沙力元新材料有限责任公司购买,泡沫铜的主要参数:每英寸孔数(pore per inch,PPI)约为 20,密度约为 0.4g·cm⁻³。

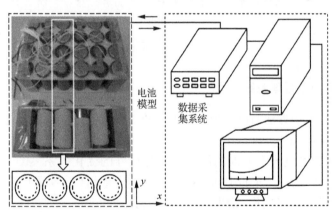

图 5-2　基于 PCM 散热的圆柱形动力电池系统模型示意图[176]

5.5.1　电池的热物性测试

通过图 5-2 所示的基于 PCM 散热系统研究发现,由于测温过程使用的热电偶与电池表面接触时,所测到的温度主要为电池表面的温度,而且在 PCM 与电池的接触面,由于界面的复杂性,所测出的温度与界面两边材料的真实值存在一定误差。为定量研究电池内部温度的变化规律以及影响因素,可以采用数值模拟的方法,建立相应的模型并进行相应的分析。电池的热物性参数(如比热、导热系数)是准确反应电池内部温度变化的关键。采用 Hot Disk 测试仪测试电池导热系数,

EVARC 加速量热仪测试电池比热(电芯荷电状态:50% SOC)。室温下测得的磷酸铁锂单体电池(正极材料为磷酸铁锂,负极材料为石墨)的导热系数约为(3±0.05)W·m^{-1}·K^{-1}。最后通过模拟得到电池在不同温度下的比热,如图 5-3 所示。从图中可以看出,随着温度的升高,电池的比热波动范围不大,在计算时假设各温度下电池比热为定值。图中所示温度范围内比热的平均值为 1.1084J·g^{-1}·K^{-1}。

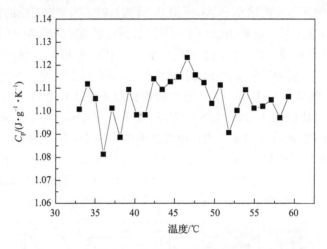

图 5-3　电池比热测试[83]

5.5.2　单体电池热管理系统模型

　　采用数值模拟的方法对圆柱形电池的产热、传热特性进行研究,近年来也有一定的发展。Al-Hallaj 和 Selman[172]基于集中参数法建立了 Li-ion 电池的一维模型,研究了不同放电电流下电池的温度随电池尺寸的变化关系。Khateeb[32]等设计了由 18 个容量为 2A·h 的 18650 电池组成的电池组(3S×6P),并建立了一个简单的二维非稳态传热模型,给出了 PCM 为石蜡(相变温度为 40~44℃,固态导热系数为 0.21W·m^{-1}·K^{-1},液态导热系数为 0.29W·m^{-1}·K^{-1})时的电池组温度轮廓图。Mills 和 Al-Hallaj[164]在同样规格电池的基础上,建立了由 6 个电池组成的模型(1S×6P),采用石蜡/膨胀石墨为 PCM,研究了 PCM 导热系数在 16.6W·m^{-1}·K^{-1}时的电池温度变化。随后,Khateeb 等[171]对电池组(3S×6P)的模型进行了改进,选用石蜡和泡沫铝为 PCM,主要分析了 1C 循环放电时电池温度的周期性变化情况。Sabbah 等[63]建立了电池组(4S5P)的三维模型,选择导热系数为 16.6W·m^{-1}·K^{-1}、熔点在 52~55℃ 的 PCM,对比了环境温度在 25℃ 和 45℃时风冷和 PCM 冷却时的热管理效果;Kizilel 等[166]将该模型进行了改进,进一步给出了不同放电时间时的电池温度变化轮廓图。目前这些研究主要是结合实验结果,通过数值模拟,研究在假定的某个 PCM 的导热系数或者相变温度下电池温度的变化情况,验证了 PCM 用于电池热管理的有效性。为进一步研究 PCM 导热系数对电池温升与温度分布的影响,建立了如图 5-4 所示的单体电池的热管理系统模型。

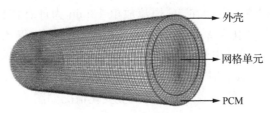

外壳

网格单元

PCM

图 5-4　单体电池热管理系统模型与网格[177]

在单体电池热管理系统模型中,电池位于中间,外部包裹一层 PCM,为提高计算精度,电池径向采用了如图 5-4 所示的类似于铜钱币形的网格,并对中心部分进行了加密;PCM 部分采用六面体网格,网格划分在 Gambit 软件中完成。

依据 Kizilel 等[166]的模型基础,为简化计算,对单体电池热管理系统模型提出如下假设:

(1) PCM 发生固液相变过程中,由相变而引起的体积变化可以忽略,相变温度为定值而非某一区间;

(2) 电池以及 PCM 的比热和导热系数均不随温度和空间位置的变化而变化;

(3) 不考虑电池放电过程中内部复杂的化学反应。单体电池的热管理系统模型的几何尺寸以及电池和 PCM 的主要热物性参数如表 5-1 所示。

表 5-1　模型的几何尺寸与热物性参数[177]

参数	数值
C_{pbc} /(kJ · kg^{-1} · K^{-1})	1.10
C_{pPCM} /(kJ · kg^{-1} · K^{-1})	1.77
d /mm	42
D /mm	52.72
h /(W · m^{-2} · K^{-1})	5
L /mm	110
k_{bc} /(W · m^{-1} · K^{-1})	3
k_{PCM} /(W · m^{-1} · K^{-1})	0.2~3
T_0 /K	298.15
T_m /K	413.15
ρ_{bc} /(kg · m^{-3})	2450
ρ_{PCM} /(kg · m^{-3})	890
γ /(kJ · kg^{-1})	195
ν_{PCM} /(kg · m^{-1} · s^{-1})	0.01

5.5.3 PCM 导热系数与电池温度变化的关系

为了研究 PCM 导热系数与电池温度变化的关系,Rao 等以额定容量为 10A·h 的 42110 型磷酸铁锂单体电池在 5C 恒流放电 12min 为计算依据,研究了电池内部最高温度随时间的变化关系。实验中未采用 PCM 包裹,仅依靠电池外壳与空气自然对流进行散热,单体电池 5C 放电至 720s 时,电池内部最高温度为 351.37K (78.22℃),采用 PCM 散热时,随着 PCM 导热系数从 $0.2W \cdot m^{-1} \cdot K^{-1}$ 变化至 $3.0W \cdot m^{-1} \cdot K^{-1}$,得到的电池内部最高温度变化情况如图 5-5 所示。

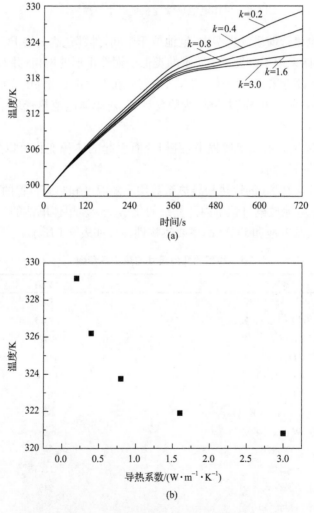

图 5-5　不同 PCM 导热系数下电池最高温度变化[177]

　　通过研究发现，PCM 导热系数分别为 0.2W·m^{-1}·K^{-1}、0.4W·m^{-1}·K^{-1}、0.8W·m^{-1}·K^{-1}、1.6W·m^{-1}·K^{-1} 和 3.0W·m^{-1}·K^{-1} 时，对应的电池内部最高温度分别为 329.16K(56.01℃)、326.20K(53.05℃)、323.75K(50.6℃)、321.89K(48.74℃)和 320.80K(47.65℃)。这是由于 PCM 导热系数越大，热量越能及时地从 PCM 与电池接触端传递至 PCM 与外界环境接触端，避免了与电池接触端的 PCM 熔化后由于导热系数低而导致电池热量向外传递热阻的增加，降低了电池内部与表面的温差。同时，不难看出，随着 PCM 导热系数的增加，电池内部的最高温度呈下降趋势，而且 PCM 导热系数增加至一定值后，电池内部最高温度下降趋势较为平缓，也就是说，在 PCM 用量限定后，其导热系数并不是越大越好。另外，为提高 PCM 导热系数，一般通过填充高导热物的方法，而同体积下导热系数越大，PCM 潜热越小，由此引起的 PCM 用量的变化会进一步影响电池组的温度分布，甚至影响系统的体积和经济性。因此，合适的 PCM 导热系数是设计电池热管理系统的关键参数之一。

　　此外，当单独选取导热系数为 0.2W·m^{-1}·K^{-1} 的 PCM 进行研究时发现，不同放电时刻温度在单体电池模块径向的分布情况如图 5-6 所示。放电时间 $t=$ 120s 时，由于 PCM 导热系数低于电池导热系数，PCM 与电池接触界面的温度明显高于 PCM 与外界环境接触面的温度；随着放电时间的继续增加，至 $t=240$s 时，随着电池温度的升高，与电池接触处的 PCM，即内侧 PCM 的温度已接近熔点；放电至 $t=360$s 时，内侧 PCM 已开始熔化，并且随着电池温度的继续升高，内侧 PCM 的温度已经超过熔点；从 $t=480$s 至放电结束，电池温度继续升高，但 PCM 主要以潜热形式继续吸热且内外侧 PCM 温差逐渐变小。从电池模块温度的径向

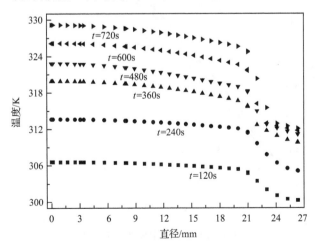

图 5-6　不同时刻温度在电池模块内的径向分布[177]

分布可以看出，当电池外包裹的 PCM 导热系数远小于电池自身的导热系数时，PCM 虽然能依靠潜热降低电池内部的最高温度，但容易出现内侧 PCM 完全熔化而外侧 PCM 尚未熔化的情况。

　　如图 5-7 所示，为通过上述方法得到的单体电池模块的径向温度随着 PCM 导热系数从 $0.2 \mathrm{W} \cdot \mathrm{m}^{-1} \cdot \mathrm{K}^{-1}$ 递增至 $3.0 \mathrm{W} \cdot \mathrm{m}^{-1} \cdot \mathrm{K}^{-1}$ 时的分布；以及 PCM 导热系数为 $0.2 \mathrm{W} \cdot \mathrm{m}^{-1} \cdot \mathrm{K}^{-1}$ 时，距电池中心不同径向距离 (R) 处的温度随放电时间的变化情况。

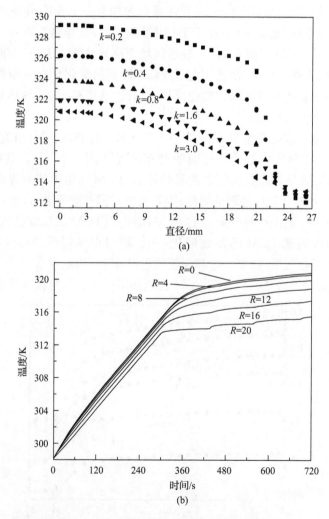

图 5-7　导热系数不同时电池模块径向温度变化[177]

　　不难看出，随着 PCM 导热系数的增加，PCM 内外侧的温差减小。当 PCM 导热系数增加至和电池自身导热系数相同时，从 $R=0$ 至 $R=17$ 之间的温度分布可以看出,电池与 PCM 接触界面处的温度梯度也相应降低,温度分布曲线明显更为光滑。电池中心($R=0$)以及电池近外表面端($R=20$)的温差随着放电时间的增加而增加,当 PCM 开始熔化后,温差迅速加大,但由于相变潜热的作用,随着电池不断产热,其温差并未继续明显增加。电池中心和外表面之间温差的存在,主要是由于电池自身热阻所致,同时也受 PCM 导热系数大小的影响。因此,在选择合适的 PCM 熔点的同时,必须考虑到电池自身热阻的存在,而电池热管理系统的设计,需要兼顾 PCM 热物性和电池热物性参数的共同影响。

5.6 PCM 导热系数对方形动力电池的散热影响

5.6.1 基于 PCM 散热的方形 Li-ion 电池系统

Rao 等[83]为研究 PCM 导热系数对方形电池的散热影响还建立了如图 5-8 所示的散热系统模型。该系统采用的单体电池为方形磷酸铁锂动力电池(xyz,6.3cm×1.3cm×11.8cm),初始容量约为 8A·h,经放置一年后,重新进行充放电循环测试 5 次,选取 9 个容量为(7.1±0.1)A·h 的电池组成 3S×3P 的电池模块,电池之间填充石蜡/石墨复合 PCM。对单体电池进行测温时,5 个热电偶分别置于 xz 面中心、近极柱端和远极柱端;对电池模块进行测温时,9 个热电偶分别置于单体电池的高温点和低温点,只记录每个单体电池的最高温度和最低温度。采用 BS-9360 系列二次电池性能检测装置(广州擎天实业有限公司/广州电器科学研究院)对电池进行充电,采用 YTD-3200 蓄电池性能检测仪(浙江元通电子技术

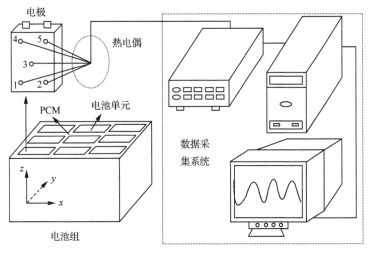

图 5-8 基于 PCM 散热的方形电池散热系统模型示意图[178]

有限公司)对电池进行放电,单体电池充电电流为2A,截止电压为3.8V,放电电流分别为15A、20A、25A、30A、35A,放电截止电压为2.1V。仍采用 Agilent 数据采集仪(34970A)对电池表面温度进行采集,对比实验采用风冷,风速约为2m/s。

5.6.2　PCM 导热系数对传热的影响

　　放电电流为 35A,PCM 相变温度为 50℃,在空气自然冷却和 PCM 冷却两种方式下散热时,得出的某单体电池内部最高温度随放电时间的变化如图 5-9 所示,其中假设电池和 PCM 的导热系数相同(k_{PCM} : k_c=3.0 : 3.0)。放电结束时,采用空气自然冷却时电池内部最高温度超过 70℃,而采用 PCM 冷却时,电池内部最高温度为 54.94℃。在放电的前 400s,与空气自然冷却相比,PCM 冷却时电池最高温度略低,但差别不大,且电池局部温差降低也不甚明显。随着 PCM 固液相变的发生,PCM 吸热但温度基本保持不变,电池内部最高温度上升缓慢,同时电池局部温差逐渐降低。与 42110 型电池相比,方形电池在 xz、yz 方向的厚度小于圆柱形电池的半径,由于热阻小,电池内部最高温度比 PCM 相变温度仅高出 4.94℃。由于电池自身热阻的存在,所以在设计电池热管理系统时应注意 PCM 的相变温度必须小于电池内部最高温度控制的目标温度。

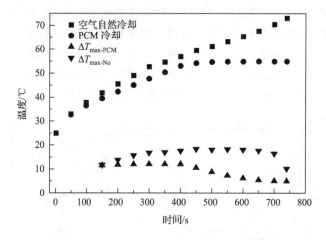

图 5-9　有无 PCM 时电池温度变化对比[178]

　　在圆柱形电池的 PCM 散热模型中,研究了 PCM 导热系数从 0.2W · m⁻¹ · K⁻¹ 增加至 3.2W · m⁻¹ · K⁻¹ 时电池的温度变化情况。对于方形电池,首先,PCM 导热系数不变,电池初始导热系数记为 k_c,改变电池导热系数,改变后的电池导热系数记为 k_c',同时电池导热系数保持不变,改变 PCM 导热系数。如图 5-10 所示,当 0<k_c' : k_c<0.5 以及 1≤k_{PCM} : k_c≤10 时,电池内部最高温度与局部温差的变化。增加电池自身导热系数,电池内部最高温度以及局部温差均明显降低。当 PCM 导热系数比电池大时,随着 PCM 导热系数的继续增大,电池内部最高温

度以及局部温差下降趋势逐渐变缓。PCM 导热系数的成倍增加,加速了热量在固态 PCM 中的传递过程,但当 PCM 发生固液相变时,PCM 温度保持恒定,虽然热量能及时从内侧 PCM 传递至外侧 PCM,但由于外侧 PCM 与外界环境进行自然对流换热量的限制,电池内部的最高温度与局部温差并未明显降低,所以可以看出,减小电池内部和表面热阻的关键是提高电池导热系数,而提高电池导热系数涉及材料物性的改变、降低电池的容量等关键参数。在电池给定时,电池热管理系统强化传热主要通过对 PCM 进行强化传热实现。当 PCM 导热系数大于电池导热系数时,再增大 PCM 导热系数并不能明显强化系统散热。

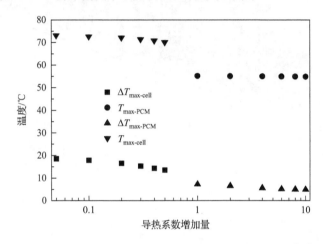

图 5-10　电池温度变化与 PCM 和电池导热系数的关系[178]

　　模块采用空气自然对流冷却进行散热,放电电流为 35A,至放电结束时,模块内各电池的温度分布如图 5-11(a)所示,模块箱体表面的温度分布如图 5-11(b)所示。电池电极朝向相同时,便于连接,但由于方形电池近电极端和远电极端存在局部温差,电池组成模块以及电池组之后,模块整体的局部温差会进一步增大。此外,电动汽车在长期使用之后,各单体电池的不均衡性加剧,而产热的不均会进一步加大电池模块内的局部温差。热量从电池高温端传递至 PCM 后,由于电池自身热阻的存在,强化热量在 PCM 中传递,从而使热量从 PCM 传递至电池低温端,也有可能降低电池模块的局部温差。

　　当电池和 PCM 的导热系数 $k_{PCM}:k_c=4$ 时,模块局部温差趋近于 5.0℃,$y=0.023m$,在 xz 截面($-0.04m<x<0.04m$)处 PCM 的温度分布如图 5-12 所示。由图可见,靠近电极处的 PCM 温度明显高于另一端,但最大温差小于 0.8℃。此时,由于 PCM 导热系数远大于电池自身导热系数,PCM 发生固液相变吸热后,热量在 PCM 中的传递速率更快,有助于热量向电池的低温端传递。

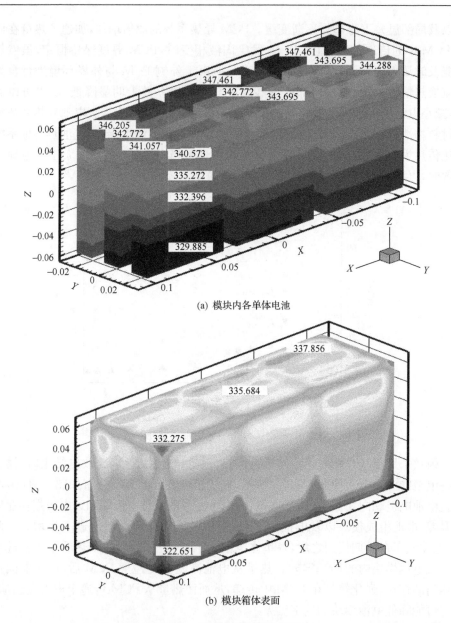

(a) 模块内各单体电池

(b) 模块箱体表面

图 5-11　温度分布轮廓图[178]

　　选择模块中产热量最大的单体电池,当电池和 PCM 的导热系数 k_{PCM}:k_c=4 时,y=-0.023m,在 xz 截面(-0.0315m<x<0.0315m)处,电池内部的温度分布如图 5-13 所示。电池局部温差的最大值为 4.6℃,由于在电池电极端,PCM 中的热量快速传递,避免了热量在电池电极端的快速堆积。高导热的 PCM 在电池模块中表现出了良好的降温与均温性能。

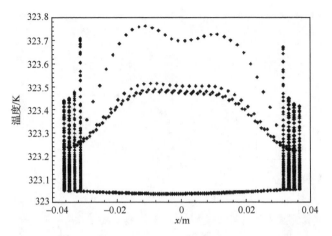

图 5-12　PCM 内部温度分布[178]

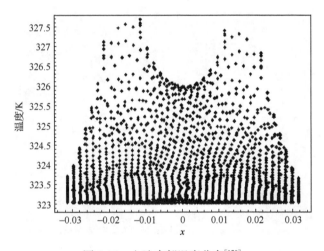

图 5-13　电池内部温度分布[178]

5.7　几种典型的 PCM 电池热管理系统

5.7.1　PCM/泡沫铝电池热管理系统

　　基于 PCM/泡沫铝的电池热管理系统最早由伊利诺理工大学的 Al-Hallaj 等[171]提出,并将其应用于电动滑板车。图 5-14 为他们在实验中所用到的基于 PCM/泡沫铝的电池热管理系统实物图,其中,(a)由 18 个(3S×6P:S,Series;P, Parallel)单体电池组成,(b)由 24 个(3S×8P)单体电池组成。单体电池选用 18650 型锂离子电池,标称容量为 2.2A • h。

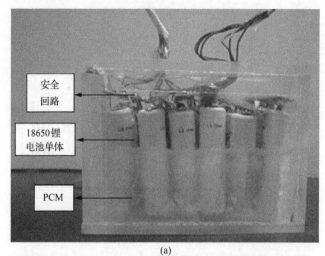

(a)

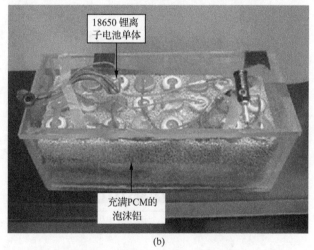

(b)

图 5-14　基于 PCM/泡沫铝的电池热管理系统[171]

　　实验中主要实验条件设定如下。

　　充电过程:电池首先在恒流模式下充电,直至单体电池的截止电压达到 4.2V,之后转入恒压模式充电,当单体电池的充电电流降至 50mA 时,停止充电。电池组完成充电后,搁置 1h。

　　放电过程:电池在恒流模式下进行放电,单体电池的截止电压为 3V。放电结束后,电池组搁置 1h,之后再重新充电,进入下一个循环。

　　电池组分别在四种散热情况下进行实验,分别是自然对流、电池间只填充泡沫铝、电池间填充 PCM、电池间填充 PCM/泡沫铝。以 3S×6P 电池组(电压 12V,容量 13.2A·h)为例,电池组在完成 5 个充放电循环之后,不同放电倍率下电池组的最大温升情况如表 5-2 所示。这说明,在 PCM 的高潜热和泡沫铝的高导热双重作用下,复合材料能有效降低电池组的温度。

表 5-2　不同放电倍率下电池组最大温升情况[62]

放电倍率(C)	自然对流/℃	填充泡沫铝/℃	填充 PCM/℃	填充 PCM/泡沫铝/℃
1	42	33	26	22
2	25	20	13	9
3	18	13	10	6
5	12	8	7	4

5.7.2　PCM/泡沫铜电池热管理系统

如图 5-15 所示,基于 PCM/泡沫铜(copper foam,CF)的电池热管理系统。单体电池采用 42110 型磷酸铁锂(LiFePO₄)动力电池,标称容量为 10A·h。电池组内含 24 个单体电池,为避免电池组中间部位局部温度过大,电池采用正负极交叉式排列组合。电池组电压为 38V(12S×2P),容量为 20A·h。

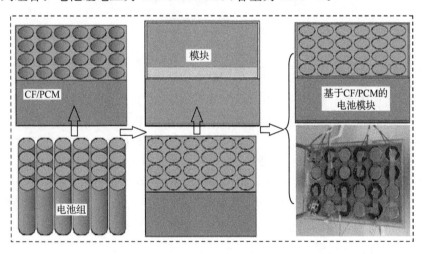

图 5-15　基于 PCM/泡沫铜的电池热管理系统[179]

在制备 PCM/泡沫铝、PCM/泡沫铜等复合材料时,由于泡沫金属孔径小,普通灌注方法会因液态石蜡的黏性较大而导致泡沫金属通孔内残留大量气泡,这不仅大大减少了储热装置中 PCM 的充注量,并且残留的气泡还会造成较大热阻,降低整个电池热管理系统的传热性能,因此,在制备上述复合材料过程中,一般采用真空灌注工艺。如图 5-16 所示,为真空灌注工艺所用装置的结构示意图,主要包括熔蜡器、加热棒、三通、真空泵接头、壳体、加热座等。外壳上开两个孔,一个孔和真空泵连接以对泡沫金属抽真空,真空度(Pa)≤10.0;另一个孔用于灌注石蜡等 PCM。先对泡沫金属抽真空后再将已经熔化的 PCM 灌入,顶部进行真空抽吸后,自下而上进行灌注。整个外壳装置的下端还要使用加热座对灌入的 PCM 进行加热以防固化[180]。

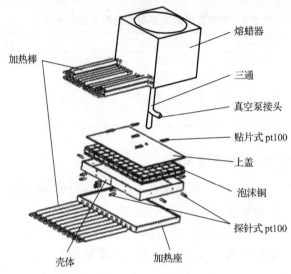

图 5-16　真空灌注工艺装置[180]

5.7.3　PCM/膨胀石墨电池热管理系统

伊利诺理工大学的 Al-Hallaj 等[165]也设计了基于 PCM/膨胀石墨的电池热管理系统,如图 5-17 所示,为其实验中采用的基于 PCM/膨胀石墨电池热管理系统的实验装置以及 PCM/膨胀石墨复合材料。单体电池选用 18650 型锂离子电池,标称容量为 2.4A·h;电池组(7S×2P)容量为 4.8A·h。PCM/膨胀石墨复合材料的导热系数为 16.6W·m^{-1}·K^{-1},相变潜热为 185kJ·kg^{-1},比热为 1.98kJ·kg^{-1}·K^{-1},复合材料的堆积密度为 789kg·m^{-3}。热电偶分别测试电池组中间(T_1)和表面(T_2)温度。其实验结果也证明,采用 PCM/膨胀石墨具有较好的电池热管理效果。

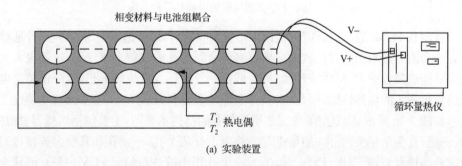

(a) 实验装置

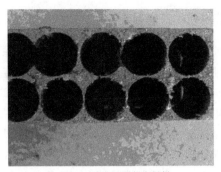

(b)　PCM/膨胀石墨复合材料

图 5-17　基于 PCM/膨胀石墨电池热管理系统[165]

　　针对上述基于 PCM/膨胀石墨的电池热管理系统的 PCM/膨胀石墨复合材料,Alrashdan 等[181]还专门测试了复合材料的热机械性能。如表 5-3 所示,为 PCM/膨胀石墨复合材料的热机械性能随着浸渍时间的变化情况。

表 5-3　PCM/膨胀石墨复合材料的性能[181]

参数	时间/h				
	12	9	6	3	1
导热系数/(W·m^{-1}·K^{-1})	14.5	14.3	14.1	13.6	13.0
复合堆积密度/(kg·m^{-3})	789	775.4	766.3	660.4	622.5
石墨的堆积密度/(kg·m^{-3})	210	210	210	210	210
拉伸强度(22℃)/kPa	1040	1060	1072	1100	892
拉伸强度(45℃)/kPa	196	186	194	260	264
抗压强度(22℃)/kPa	2571	2546	2394	2317	2292
抗压强度(45℃)/kPa	292	280	280	267	241
脆裂强度(22℃)/MPa	650	630	600	560	530
脆裂强度(45℃)/MPa	110	130	140	140	160

　　从表 5-3 可以看出,PCM/膨胀石墨复合材料在 22℃时条件下浸泡 12h 后仍保持着良好的机械性能,机械强度、导热系数、复合堆积密度等较浸泡前均有一定程度提高。同时注意到,PCM/膨胀石墨复合材料在 45℃时条件下浸泡 12h 后除抗压强度有所提高外,其他机械强度指标均发生不同程度的下降。这说明 PCM/膨胀石墨电池热管理系统工作温度不能过高,否则会严重影响 PCM/膨胀石墨复合材料的机械强度。

5.7.4　PCM/振荡热管电池热管理系统

　　PCM作为蓄热介质,要加快热量向外界的传递过程,除从提高材料自身导热系数出发之外,也可通过结构上置入内插物的形式强化传热。Akhilesh 等[182],Shatikian 等[183],Xiang-Qi Wang 等[184,185]都分别研究了PCM内置铝制翅片时用于电子设备散热热沉的传热性能。相比于微电子器件/设备,电池的热流密度小但体积大,而采用热沉无法满足电动汽车空间紧凑性和安装灵活性的要求。而振荡热管(oscillating heat pipes,OHP)具有结构上的连续性、体积小、结构简单(无需毛细芯)、成本低、适应性好(形状可任意弯曲)以及传热性好的优点。振荡热管可以在任意倾斜角度和加热方式下工作,进一步增大了电池组与电动汽车以及其他动力设备的匹配能力。将PCM的高潜热与振荡热管的高导热性能结合起来,有望既满足无电池功耗情况下的散热,又能进一步增大电池组内各电池单体、电池模块之间的紧凑性。

　　图5-18为基于PCM/振荡热管(oscillating heat pipes,OHP)的方形电池热管理系统示意图。振荡热管蒸发端夹在两相邻电池之间,将PCM填充至两电池与热管之间的空间里。热管冷凝端伸出电池之外,将电池热量传递至外部环境。在PCM/振荡热管电池热管理系统中,振荡热管的启动温度由电池散热的目标温度与目标温差决定。要满足电池降温与热量分布均衡性的要求,振荡热管的启动温度必须低于目标温度,且不高于电池局部温差达到目标温差时所对应的电池最高温度[34]。

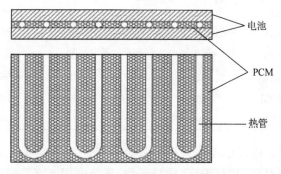

电池

PCM

热管

图 5-18　基于 PCM/振荡热管的方形电池热管理系统示意图[34]

5.8　影响系统性能的主要参数

　　PCM的导热系数、相变温度、环境温度均是影响基于PCM的电池热管理系统中热量传递和分布的关键因素。

　　PCM 导热系数的增加有助于强化 PCM 内部的热量传递,降低电池与 PCM 接触界面处的温度梯度,降低单体电池和电池组的最高温度。但 PCM 的导热系数增加至一定值后,最高温度的影响不大。

　　PCM 欠量时,电池组的最大温差在 PCM 完全熔化后将继续增加,且 PCM 的导热系数越小,最大温差的增幅越大。PCM 足量时,若环境温度为定值,则 PCM 相变温度越低,电池组最大温差越小;若 PCM 的相变温度为定值,则环境温度越高,电池组的最大温差越小。

　　电池搁置或充电时,电池和 PCM 中的热量能在一定时间内将热量传递至外部环境。电动汽车停置于高温环境时,PCM 能有效阻滞环境热量进入电池。当 PCM 辅以空冷散热时,风速越大,电池组的最大温差越大,但 PCM 导热系数较大时,最大温差受风速影响不大。

第6章　相变材料的制备与性能

6.1　概　述

相变材料(PCM)是一种具有特有功能的材料,当它在特定温度下发生物相变化时,能够吸收或释放大量的热量,这部分热量称为潜热。正是利用 PCM 在相变时温度基本保持不变并可以吸收或释放潜热这一特性,被许多研究者用来作为储能材料,也可用来调节工作环境温度,从而实现相变控温。相变控温技术由于具有成本低、结构简单、安全性高等优点,已经被应用于多个领域,如太阳能利用、余热回收、建筑节能、航空航天、电子器件的散热等领域。

6.1.1　相变材料热力特性

相变是指物质从一种相转变为另一种相的过程。相变按照热力学分类(Ehrenfest 分类)又分为一级相变和高级相变(二级、三级等),各级相变的热力学参数改变的特征不同[186]。

在发生相变时,体积发生变化,并伴随着吸热或放热,这类相变称为一级相变。例如,冰在融化时变成同温度的水,需要吸收热量,并且体积发生变化,因此冰与水之间的转换属于一级相变。在发生相变时,体积没有发生变化,并且也没有吸热或放热,只有热膨胀系数和热容量等物理量发生变化的相变称为二级相变,如顺磁体与铁磁体之间的转变,导体与超导之间的转变。一级相变和二级相变比较常见,对于三级及以上的高级相变并不常见。

一般用来作为储能及相变控温用途的相变材料所发生的相变,由于伴随着吸热或放热和体积的变化,所以属于一级相变。当发生一级相变时,物质由 1 相转变为 2 相,根据相平衡规律可知,各组分的化学势相等,即 $\mu_1 = \mu_2$,但化学势的一级偏微商不相等,由公式表示如下[187]:

$$相(1) \xrightarrow{T,P} 相(2) \tag{6-1}$$

$$\left(\frac{\partial \mu_1}{\partial P}\right)_T \neq \left(\frac{\partial \mu_2}{\partial P}\right)_T \tag{6-2}$$

即

$$V_1 \neq V_2 \tag{6-3}$$

$$S_1 \neq S_2 \tag{6-4}$$

因此,一级相变时物质的体积、熵以及焓发生突变:

$$\begin{cases} \Delta V_{tr} \neq 0 \\ \Delta S_{tr} \neq 0 \end{cases} \tag{6-5}$$

通过热力学定律可知,焓变 ΔH_{tr} 的表达式为

$$\Delta H_{tr} = T_{tr}\Delta S = \Delta U - P\Delta V \tag{6-6}$$

由以上公式分析得出如下结论:

(1) 发生一级相变时,体系的体积必定发生变化;

(2) 如果相变材料具有最大的潜热,应该选择熵变最大的体系;

(3) 相变潜热与体系的内能变化及体积功($P\Delta V$)有关,并且与温度成正比。

6.1.2　相变材料分类

相变材料按照化学组成成分可分为有机相变材料、无机相变材料和复合相变材料。

无机类相变材料的主要种类有结晶水合盐、熔融盐、金属或合金。结晶水合盐在中温及低温领域应用比较多,并且它的成本比较低,熔点固定,相变潜热大,导热性能一般都优于有机类相变材料。但是,结晶水合盐存在相分离和易过冷的缺点。相分离是在结晶水合盐发生多次相变以后出现无机盐和水分离的现象,致使部分与结晶水不相溶的盐类沉于底部,不再与结晶水相结合,从而形成相分层的现象。相分离的产生使相变材料的稳定性较差,易导致储能降低,使用寿命缩短。为解决相分离的问题,一般在无机相变材料中添加防相分离剂,常用的防相分离剂有晶体结构改变剂、增稠剂等。过冷现象是指液体冷凝到该压力下液体的凝固点时仍不凝固,需要达到凝固点以下的温度才开始凝固的现象。过冷现象与液体的性质、纯度和冷却速度等有关。过冷现象使相变温度发生波动,一般在液体中添加防过冷剂来防止过冷现象的发生。目前,结晶水物类常被作为无机固-液相变储能材料使用。表 6-1 为部分常用的结晶水合物的主要物性参数。

有机相变材料的主要种类有醇类、脂肪酸、高级脂肪烃类、多羟基碳酸类、聚醚类、芳香酮类等。表 6-2 为部分有机相变材料的热物性能参数[187-189]。有机相变材料一般具有成本比较低、稳定性好、毒性小、无腐蚀性、无过冷和相分离现象等优点。但是,有机相变材料还存在储热密度较低、导热性能较差的缺点,从而降低了储能效率。由于有机类相变材料的熔点一般都比较低,所以大多数用于中低温储

能领域。表 6-3 给出了有机相变材料与无机相变材料的优缺点。

表 6-1　部分常用结晶水合物的主要物性参数[188]

名称	熔点/℃	相变潜热/(kJ·kg^{-1})	名称	熔点/℃	相变潜热/(kJ·kg^{-1})
$LiClO_3 \cdot 3H_2O$	8.1	253	$Na_2S_2O_3 \cdot 5H_2O$	48	201
$ZnCl_2 \cdot 3H_2O$	10	n. a.	$NaOH \cdot H_2O$	58.0	n. a.
$K_2HPO_4 \cdot 6H_2O$	13	n. a.	$Cd(NO_3)_2 \cdot 4H_2O$	59.5	n. a.
$KF \cdot 4H_2O$	18.5	231	$Fe(NO_3)_2 \cdot 6H_2O$	60	n. a.
$KF \cdot 2H_2O$	41.4	n. a.	$Na_2B_4O_7 \cdot 10H_2O$	68.1	n. a.
$Mn(NO_3)_2 \cdot 6H_2O$	25.8	125.9	$AlK(SO_4)_2 \cdot 12H_2O$	80	n. a.
$CaCl_2 \cdot 6H_2O$	29	190.8	$Ba(OH)_2 \cdot 8H_2O$	78	265.7
$LiNO_3 \cdot 3H_2O$	30	296	$Al_2(SO_4)_3 \cdot 18H_2O$	88	n. a.
$Na_2SO_4 \cdot 10H_2O$	32.4	254	$Al(NO_3)_3 \cdot 8H_2O$	89	n. a.
$Na_2HPO_4 \cdot 12H_2O$	35.5	265	$Mg(NO_3)_2 \cdot 6H_2O$	89	162.8
$Na_2HPO_4 \cdot 7H_2O$	48	n. a.	$Mg(NO_3)_2 \cdot 2H_2O$	130	n. a.
$Na_2CO_3 \cdot 10H_2O$	33	247	$(NH_4)Al(SO_4) \cdot 6H_2O$	95	269
$K_3PO_4 \cdot 7H_2O$	45	n. a.	$CaBr_2 \cdot 6H_2O$	34	115.5
$Zn(NO_3)_2 \cdot 4H_2O$	45.5	n. a.	$MgCl_2 \cdot 6H_2O$	117	168.6
$Zn(NO_3)_2 \cdot 2H_2O$	54	n. a.			

注:n. a. 标示文献中未列出该数据。

表 6-2　部分有机相变材料的热物性能参数[189]

名称	熔点/℃	相变潜热/(kJ·kg^{-1})	热导率/(W·m^{-1}·K^{-1})	密度/(g·cm^{-3})
聚乙二醇 E400	8	99.6	0.187(L,38.6℃)	1126(L,25℃)
聚乙二醇 E600	22	127.2	0.189(L,38.6℃)	1126(L,25℃)
萘	80	147.7	0.132(L,83.8℃)	976(L,84℃)
丁四醇	118	339.8	0.326(L,140℃)	1300(L,140℃)
辛酸	16	148.5	0.149(L,38.6℃)	901(L,30℃)
棕榈酸	63~64	178	0.147(L,50℃)	862(L,60℃)
月桂酸	64	185.4	0.162(L,68.4℃)	862(L,65℃)
硬脂酸	69	202.5	0.172(L,70℃)	848(L,70℃)

表 6-3　有机相变材料与无机相变材料的优缺点对比[190]

	有机相变材料	无机相变材料
优点	(1) 相变温度分布范围广,选择面广; (2) 无过冷和相分离现象; (3) 化学性能、热性能稳定; (4) 与传统材料的相容性好	(1) 单位体积的相变潜热高; (2) 热导性高; (3) 相变时体积基本不变; (4) 不易燃烧
缺点	(1) 单位体积的相变潜热低; (2) 固态时的热导性差	(1) 过冷问题严重,易发生相分离; (2) 热性能不稳定,具有腐蚀性

由于有机相变材料无过冷和相分离等现象,所以在中低温相变储能及相变控温领域使用有机相变材料较多,而有机相变材料中的石蜡由于具有价格低廉、性能稳定、潜热较大、无腐蚀性等优点被广泛应用。石蜡是从石油或其他矿物油中提炼出来的一种烃类混合物,其分子通用化学式为 C_nH_{2n+2}。表 6-4 为不同碳原子数石蜡的熔点和潜热。

表 6-4　不同碳原子数石蜡的熔点和潜热[191]

碳原子数	熔点/℃	相变潜热/(kJ·kg^{-1})	实用价值
14	5.5	228	I
15	10	205	II
16	16.7	237	I
17	21.7	213	II
18	28	244	I
19	32	222	II
20	36.7	246	I
21	40.2	200	II
22	44	249	II
23	47.5	232	II
24	50.6	255	II
25	49.4	238	II
26	56.3	256	II
27	58.8	236	II
28	61.6	253	II
29	63.4	240	II
30	65.4	251	II
31	68	242	II
32	69.5	170	II
33	73.9	268	II
34	75.9	269	II

注:I 非常有实用价值,II 一般性实用价值。

6.2　电池热管理用 PCM

无论对于圆柱形还是方形动力电池,在基于相变传热介质以及 PCM/OHP 的电池热管理系统中,提高 PCM 导热系数,强化 PCM 内部的传热过程,都是降低电池温度、均衡电池热量分布的关键技术之一。目前针对电池热管理的研究,包括美国的 Hallaj 和 Selman 团队、加拿大的 Naterer[52,174] 团队、约旦的 Alrashdan[181] 团队以及中国的张国庆团队[167],均主要采用石蜡为 PCM。

石蜡作为 PCM 具有相变潜热高、几乎无过冷现象、化学稳定性好、没有相分离和腐蚀性等优点,但石蜡也具有导热系数低的缺点[191-194]。为提高石蜡类 PCM 的导热系数,可在石蜡中添加金属粒子/粉末[195-197]、泡沫金属[198]、碳纳米管/纤维[199-201]、膨胀石墨/石墨烯等高导热材料,也可将石蜡等材料包覆于其他材料之中,形成各种粒径(如 Macro、Micro、Nano)的胶囊 PCM[202-205]。另外,PCM 在相变前后,一般都会发生体积变化,为此,Alrashdan 等[181] 以石蜡/膨胀石墨为 PCM,分析了其在 Li-ion 电池组中的热-机械性能,如拉伸强度、压缩强度、脆裂强度。在上述 PCM 电池热管理的工作中,Khateeb 等[32] 在 PCM 中添加泡沫铝,Mills 和 Al-Hallaj[164] 在 PCM 中添加膨胀石墨,Rao 和 Zhang[168,206] 在 PCM 中添加天然石墨,都是在提升 PCM 电池热管理整体性能,以实现与电动汽车整车性能的统一。

6.3　PCM 强化传热

相变蓄能或相变控温就是利用 PCM 在相变时储存和释放潜热的特性来实现。但是,由于大部分 PCM(如石蜡和脂肪酸类 PCM 等)的导热性能比较差,从而制约了 PCM 在相变蓄能和相变控温等领域的实际应用。对相变材料进行强化传热后,能够提升相变材料的热传导速率,加快能量的储存和释放,并且能够提高能量的利用效率。因此,对 PCM 进一步强化传热是推广相变材料应用的关键技术。在选取高导热材料作为相变材料强化传热的添加物时,应具备以下几点:导热系数相对较高;物质的密度不宜太高;添加物应该与相变材料兼容;具有一定的耐腐蚀能力,无毒等[207]。

目前许多研究通过在 PCM 中添加高导热材料来进行强化传热,常用的高导热材料有碳纳米管、金属及其氧化物、金属翅片结构、高导热多孔介质、碳纤维等。

6.3.1　金属材料对相变材料的强化传热

一般大多数金属的导热系数都比较高,在 PCM 中添加金属结构或金属粒子,能够对 PCM 起到强化传热的效果,常用的金属添加物粒子有铜、铝、铁及金属氧化物等。Eastman 等[208]研究了氧化铜粒子与乙二醇乙烯基组成的纳米流体的导热性能,当氧化铜的体积分数达到 0.3% 时,热导率增加了 40%。龙建佑等[209]将 TiO₂ 颗粒添加到共晶盐 BaCl₂ 水溶液中,当添加的 TiO₂ 体积分数为 1.13% 时,复合材料的导热系数增加了 16.74%,从而提高了物质的热导率。张寅平等将质量比为 5%~20% 的铜粉和铝粉加入到 PCM 中,结果表明,加入铜粉后 PCM 的导热率可以提高 10%~26%,加入铝粉后 PCM 的导热率可以提高 20%~56%。胡娃萍[210]在丁四醇中添加纳米氧化锌和纳米氧化铝,当氧化锌和氧化铝的添加量的质量分数都为 12% 时,丁四醇的热导率从 0.268W·m⁻¹·K⁻¹ 分别提高至 0.611W·m⁻¹·K⁻¹ 和 0.658W·m⁻¹·K⁻¹,分别提高了 126% 和 145%,说明纳米氧化锌和纳米氧化铝的添加对丁四醇的导热性能有比较显著的提升。

相变材料通过添加金属翅片来提升其储能系统的传热性能也是目前比较常用的一种方法。在应用中为达到最佳的强化传热效果,应根据储能系统的实际情况来选取适当形状、尺寸、布置方式及金属材质的翅片。

Ismail 等[211]在 PCM 中增加翅片来进行强化传热,并通过建立模型与实验结果进行对比,分析了翅片的数量、长度、厚度和环形空间的大小对换热效率的影响。Liu 等[212]以硬脂酸为储能材料设计了带有新型翅片的热储能单元,并分析了翅片大小和翅距对导热性能的影响。研究结果表明,翅片结构的增加使热导率增加 67%,有效地提高了传热效率,并且减少宽度和翅距均可提高导热性能。Velraj 等[213]对圆柱形管内翅片结构进行了研究,通过建立二维模型模拟了不同管径及不同翅片厚度的翅片结构的传热过程,并认为一种 V 字形翅片结构可以最大限度地增强换热能力。

虽然金属具有较高的导热性能,在相变材料中添加金属材料后,能够起到提高相变材料导热性能的作用,但对于 PCM 中的金属添加物,要考虑金属与 PCM 的相容性,有些金属与 PCM 的相容性比较好,如铝与石蜡的相容性就比较好;但是有些金属与 PCM 并不相容,如铜和镍与石蜡则不相容;另外,金属的密度相对于 PCM 要大,添加金属后会导致储能系统质量的增加,当 PCM 融化后,金属离子在重力的作用下易发生沉降,因此很大程度上限制了金属材料在 PCM 强化传热中的应用[214]。

6.3.2　多孔介质对 PCM 的强化传热

多孔介质的骨架结构主要是由固体组成,并且由于骨架结构的分隔形成大量密集的孔隙,这些微小孔隙可能是相互连通、部分连通或者部分不连通的。由于多孔介质具有较高的孔隙率,能够储存大量的 PCM,并且相连通的骨架结构能够有效地提高 PCM 的传热效率。多孔介质的孔隙一般都比较细小,在受到孔隙的毛细管效应作用力下的约束能够使 PCM 相变后在宏观上保持固体的形态。

多孔介质的种类比较多,目前作为 PCM 的载体基质常采用的多孔介质有膨胀石墨、石墨泡沫、陶瓷、膨胀珍珠岩、石膏、膨润土和多孔混凝土、金属泡沫等。

　　膨胀石墨又被称为蠕虫石墨,其结构呈多孔蠕虫状,是由天然石墨在经过一系列的氧化插层反应后再经过高温膨化便可制备出膨胀石墨。由于在膨化过程中产生了大量的孔隙结构,所以具有很强的吸附性能,图 6-1 为膨胀石墨的微观结构。张国庆等[215]以膨胀石墨作为载体基质吸附石蜡制备出石蜡含量为 80% 的膨胀石墨/石蜡复合材料(图 6-2),其导热系数大幅度提高达到 12.346W·m^{-1}·K^{-1},是纯石蜡的 50 多倍。张正国等[216]制备出了四种不同质量分数的膨胀石墨/石蜡复合材料,其储热和放热效率均比纯石蜡有了极大的提高。Xavier Py 等[217]对不同石蜡质量分数的膨胀石墨/石蜡复合材料的导热性能进行了研究,结果表明,当石蜡的质量分数在 65%~95% 时,热导率由单一石蜡的 0.24W·m^{-1}·K^{-1} 提高到 4~70W·m^{-1}·K^{-1}。Sari 等[218]分析了热导率与熔化时间、储存能力与相变温度之间的关系,研究了在石墨中添加不同质量分数的膨胀石墨的导热性能,并认为膨胀石墨的质量分数在 10% 时为最佳,此时的热导率增加到原来的 272.2%。

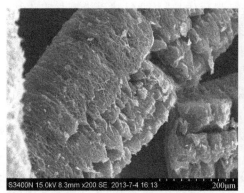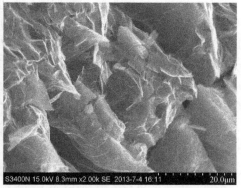

图 6-1　膨胀石墨微观结构

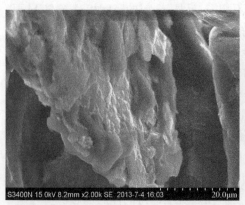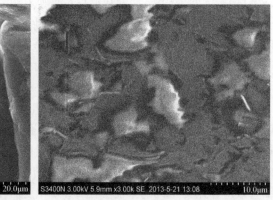

图 6-2　膨胀石墨/石蜡复合材料[215]

　　石墨泡沫是一种具有高导热性能的多孔碳材料,并具有一定的吸附性能,因此很多研究者利用石墨泡沫的这一特性常将其用于相变材料的强化传热。仲亚娟等[219]以石墨泡沫作为相变材料的强化传热载体,制备出了石墨泡沫/石蜡相变储能材料(图 6-3),并采用激光热导仪测试了复合材料与纯石蜡的热导率,结果表明石墨泡沫/石蜡复合材料的热导率比纯石蜡提高了 437 倍。Zhong 等[220]利用不同孔径的石墨泡沫制备出石蜡/石墨泡沫复合材料,并对其相变潜热及热扩散系数进行了测试分析,结果表明复合材料的热扩散系数和蓄热能力受到石墨泡沫的韧带厚度及孔径的影响。

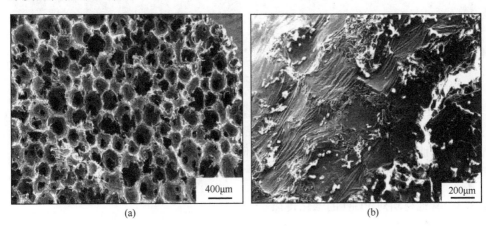

(a)　　　　　　　　　　　(b)

图 6-3　石墨泡沫及石墨泡沫/石蜡复合材料[219]

　　泡沫金属具有比重小、比表面积大、孔隙率高及导热性能高等优点,因此很多研究者将泡沫金属用于相变材料的强化传热,目前常用的泡沫金属有泡沫铜(图6-4)、泡沫铝和泡沫镍(图 6-5)等。张江云[180]以泡沫铜为载体基质,以石蜡为相变材料,利用真空灌注法制备出了四种不同质量比例的泡沫铜/石蜡复合相变材料。石蜡与泡沫铜复合后,复合材料的导热系数得到了很大的提高,四种复合材料中泡沫铜所占的质量分数分别为 36.1%、32.5%、32.3%、36.8%,与纯石蜡相比,导热性能分别提高了 15.2 倍、14.44 倍、14.07 倍、15.93 倍。赵明伟等[221]利用几种不同孔隙率的泡沫铝采用渗流法制备出了泡沫铝/石蜡复合相变材料,并对其储、放热性能进行了研究。结果表明,复合相变材料缩短了石蜡固-液相变的时间,并且储、放热效率随着泡沫铝骨架孔隙率的降低而提高,当泡沫铝骨架的孔隙率在 54.81%~69.74%的泡沫铝/石蜡复合相变材料时,其等效导热系数在 91.40~61.16W·m^{-1}·K^{-1},导热性能较纯石蜡有了明显的提高。徐伟强等[222]为了改善固液相变蓄能装置的空穴分布和传热性能,在固-液相变蓄热容器中填充了泡沫镍,并与未填充泡沫镍的蓄热容器进行了对比。研究结果表明,填充泡沫镍能够明显分散固-液相变过程中的空穴分布,并且能够明显改善相变材料的导热性能,提高蓄热容器的换热效率,改善容器内的温度均匀性。

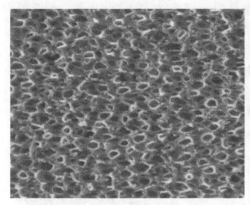

图 6-4　泡沫铜[180]

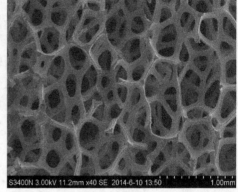

图 6-5　泡沫镍

　　Karaipekli 等[223]将十四酸和癸酸的共混物与膨胀珍珠岩复合,并且掺入一定量的膨胀石墨制备出复合相变材料。研究表明,在复合材料中相变材料无泄漏的情况下,膨胀珍珠岩对相变材料的最高吸附量的质量分数为 55%,当膨胀石墨的质量分数为 10%时,导热性能提升 58%。

6.3.3　其他材料对 PCM 的强化传热

　　通过添加其他高导热材料(如碳纤维、碳纳米管和石墨烯等)对 PCM 强化传热的影响。碳纤维是一种含碳量在 95%以上的高强度、高模量纤维的新型纤维材料,是 20 世纪 60 年代初逐渐发展起来的一种新型材料,并被广泛应用于建筑、交通及航天等领域。碳纤维不仅具有强度大、密度低、比性能高、导电性好、耐腐蚀等优点,它的导热性能也介于非金属和金属之间,因此逐渐被用来提高 PCM 的导热性能。Karaipekli 等[224]制备出了四种比例的硬脂酸/碳纤维复合材料,并进行了导热性能分析,结果表明,当碳纤维的质量分数在 10%以下时,热导率随着碳纤维质量分数的增加而增大。Fukai 等[225]将碳纤维采用两种不同的分布方式添加到相变材料中,第一种方式是随意地将碳纤维分布于相变材料中,第二种方式是采用碳纤维刷,并且碳纤维丝的方向分布与热流方向一致,然后通过一维导热模型计算了热扩散率,并对两种情况的强化传热效果进行了对比。研究表明,在加入碳纤维后,相变材料的导热性能有大幅度地提升,采用第二种方式的强化传热效果更加明显,当采用第一种方式放置体积分数为 3%的碳纤维时,使相变材料的导热系数提高了 10 倍,而采用第二种方式放置体积分数 1%的碳纤维刷即可达到同样的强化传热效果。

　　碳纤维与大多数的 PCM 的相容性比较好,有较强的耐腐蚀能力,并且纤维的直径比较小,有利于在 PCM 中的均匀布置,基于其优良的物理和化学性能,碳纤维作为强化传热材料之一有更大的应用空间[226]。

碳纳米管的直径一般在几纳米到几十纳米之间,按照石墨烯片的层数可分为单壁碳纳米管和多壁碳纳米管。碳纳米管具有优异的热学性能,是强化传热的理想添加剂。Wang 等[227]在十六酸中掺入碳纳米管制备出十六酸/碳纳米管复合相变材料,十六酸掺入碳纳米管后导热系数明显提高,无论在固态情况下还是在液态情况下,复合材料的导热系数随着碳纳米管质量分数的增加而增大,纯十六酸的导热系数在固态时为 $0.22W \cdot m^{-1} \cdot K^{-1}$,液态时为 $0.16W \cdot m^{-1} \cdot K^{-1}$,当复合材料中碳纳米管质量分数为 1% 时,复合材料的导热系数在固态时为 $0.33W \cdot m^{-1} \cdot K^{-1}$,导热系数提高 30%。

石墨烯具有非常高的导热性能,是一种很好的强化传热材料。胡娃萍[210]将石墨烯与聚乙二醇均匀共混,来增加聚乙二醇的热导率。测试结果表明,由于石墨烯具有较高的导热性能,当石墨烯添加的质量分数分别为 1%、2% 和 4% 时,聚乙二醇的热导率从 $0.263W \cdot m^{-1} \cdot K^{-1}$ 分别提高至 0.613%、0.785% 和 1.042%,分别提高了 133%、171% 和 296%,并且石墨烯填充后聚乙二醇的潜热仍然高达 $170.29J \cdot g^{-1}$,并且晶体结构和化学结构基本没有受到影响。

6.4　PCM 胶囊

PCM 在动力电池热管理系统中具有很好的散热效果,但是目前应用的 PCM 多是固-液相变,在固态 PCM 相变后变成液态容易发生泄漏,容易对电池等部件造成腐蚀,引起严重的安全隐患等一系列问题。因此,为了解决 PCM 相变后变成液态发生泄漏的问题,许多研究人员将 PCM 胶囊化。

PCM 胶囊是利用聚合物壁壳或微型容器等将 PCM 封闭在其中的一种材料,其结构主要由壁材和芯材组成。胶囊化技术实现了 PCM 的固态化,使 PCM 在使用、储存和运输等方面更加便利。根据 PCM 粒径的不同可以分为以下几类:PCM 纳胶囊、PCM 微胶囊和 PCM 大胶囊(粒径小于 $1\mu m$ 的称为纳胶囊;粒径在 $1\sim 1000\mu m$ 的称为微胶囊;粒径大于 1mm 的称为大胶囊)[228]。

PCM 微胶囊壁材主要分为有机壁材和无机壁材两大类。目前,PCM 微胶囊的壁材多采用有机高分子材料,国内外相关的研究比较多,同时它的制备方法也比较成熟,但是有机高分子材料的导热性能普遍较差,以至于降低了 PCM 的导热性能。

6.4.1　PCM 微/纳胶囊的制备方法

PCM 微/纳胶囊的制备方法主要有物理方法、化学方法和物理化学法,其中制备 PCM 微胶囊常用的方法如表 6-5 所示。物理方法是利用设备通过机械方式将芯材与壁材均匀混合,细化造粒,然后将壁材凝聚固化在芯材的表面而制备的 PCM 微胶囊。物理制备 PCM 微胶囊的方法有空气悬浮法、喷雾法、真空镀膜法及静电结合法等。化学方法主要是利用单体小分子发生聚合反应生成高分子材料将芯材包覆,常使用的方法有界面聚合法、原位聚合法等。目前,制备 PCM 微胶囊的方法中应用比较多的是界面聚合法、乳液聚合法、原位聚合法和悬浮聚合法等。

表 6-5 PCM 微胶囊的制备方法[229]

方法类别	具体方法
物理方法	喷雾干燥法、喷雾冷却法、空气悬浮法、挤压法、静电结合法、包络结合法、溶剂蒸发法
化学方法	界面聚合法、原位聚合法、锐孔法
物理化学法	单凝聚法、复凝聚法、水相分离法、油相分离法、干燥浴法(又称复相乳液法)、融化分散冷凝法

界面聚合法是制备 PCM 微胶囊比较常见的方法。该方法采用适当的乳化剂制备出油/水乳液或水/乳液,将芯材乳化或分散在乳液中,然后通过单体聚合反应在芯材的表面形成 PCM 微胶囊,最后将 PCM 微胶囊从水相或者油相中分离。用界面聚合法制备 PCM 纳胶囊与制备 PCM 微胶囊的工艺有所区别,当制备 PCM 纳胶囊时要使用带毛细管的细针头注射器,并且针头要离液面很近,针头与界面之间要加高压直流电,这样才能制备出 PCM 纳胶囊[230]。兰孝征等[231]用界面聚合法制备出了以正二十烷为芯材,以聚脲为壁材的 PCM 微胶囊,空心 PCM 微胶囊的直径约为 $0.2\mu m$,含正二十烷 PCM 微胶囊的直径为 $2\sim 6\mu m$,正二十烷的包覆率为 $65\%\sim 80\%$。张学静等[232]以正十八烷为芯材,以聚脲为壁材采用细乳液界面聚合法制备出了 PCM 纳胶囊,并使苯乙烯与交联剂二乙烯基苯在内表面共聚形成双壁材的 PCM 纳胶囊。研究结果表明,超声乳化 5min,所得 PCM 纳胶囊平均粒径在 $0.41\mu m$,且粒径分布均匀,囊芯含量高达 50%,其微观结构如图 6-6 所示。

乳液聚合法也是制备 PCM 微/纳胶囊比较常用的方法,主要指通过乳化剂的作用,在机械搅拌或者剧烈振荡的条件下,使单体均匀分散在反应介质中形成乳液而进行聚合,从而将芯材包覆;根据采用的乳化剂、单体及分散介质不同,可分为正相乳液和反相乳液;如果芯材为油性的物质,应该使用正相乳液聚合法,如果芯材为水溶性物质,应该采用反相乳液聚合法[230]。Ma 等[233]以石蜡为芯材,以聚甲基丙烯酸甲酯(PMMA)为壁材,采用紫外线引发乳液聚合法制备了 PCM 微胶囊。具体步骤为:首先将单体甲基丙烯酸甲酯(MMA)、石蜡和乳化剂溶于有机溶剂,将光引发剂溶于水,然后在 45℃下混合,并在 $600r \cdot min^{-1}$ 下搅拌 30min,形成 O/W 乳液;然后在 $10000r \cdot min^{-1}$ 下搅拌 3min 后将转速降至 $600r \cdot min^{-1}$,用紫外

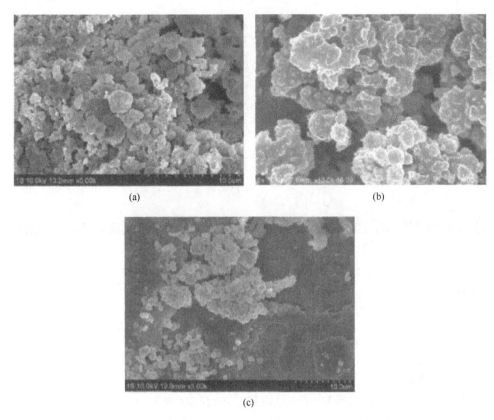

(a)　　　　　　　　　　　(b)

(c)

图 6-6　细乳液界面聚合模板法制备的 PCM 纳胶囊[232]

线照射 30min，最后制备出 PMMA/石蜡微胶囊，其微观形貌如图 6-7 所示。PCM 微胶囊呈圆形，粒径范围在 0.5～2μm，石蜡在 PCM 微胶囊中所占的比例为 61.2%，相变温度为 24～33℃，相变焓为 101J・g^{-1}。Alkan 等[234]以正二十烷为芯材，以

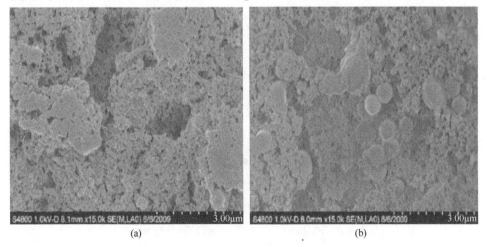

(a)　　　　　　　　　　　(b)

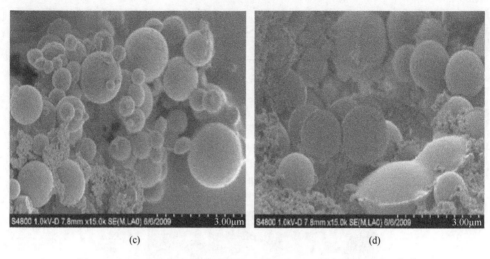

(c)　　　　　　　　　　　　　　　　　(d)

图 6-7　用乳液聚合法在不同条件下制备的 PMMA/石蜡微胶囊[233]

(a)在 600r·min⁻¹下搅拌 30min；(b)在 600r·min⁻¹下搅拌 30min,然后在均质器中 10000r·min⁻¹下搅拌
1min；(c)在 600r·min⁻¹下搅拌 30min,然后在均质器中 10000r·min⁻¹下搅拌 3min；(d)在 600r·min⁻¹下
搅拌 30min,然后在均质器中 10000r·min⁻¹下搅拌 5min

PMMA 为壁材通过乳液聚合法制备出了 PCM 微胶囊。具体步骤为:首先将正二十
烷和表面活性剂溶于去离子水中,然后加热至正二十烷熔化,再加入 MMA、交联剂
烯丙基甲基丙烯酸酯和 $Fe SO_4 \cdot 7H_2O$ 溶液,然后在 2000r·min⁻¹下搅拌 30min,最
后加入水溶性引发剂叔丁基氢过氧化物和 $Na_2S_2O_7$ 固体并将其加热到 90℃反应 1h。
研究结果表明,在转速为 2000r·min⁻¹时 PCM 微胶囊的平均粒径为 $0.7\mu m$,粒径分
布如图 6-8 所示,芯材的包覆率为 35%,熔化时的温度为 35.2℃,相变焓为 84.2
$J \cdot g^{-1}$,固化温度为 34.9℃,相变焓为 87.5$J \cdot g^{-1}$,其微观结构如图 6-9 所示。

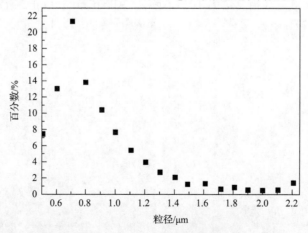

图 6-8　PMMA/正二十烷微胶囊粒径分布[234]

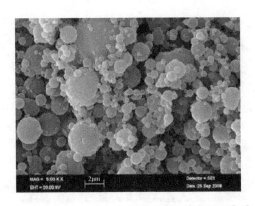

图 6-9　PMMA/正二十烷微胶囊扫描电镜图[234]

　　原位聚合法指在胶囊化的过程当中,反应单体和催化剂均在芯材的外部,单体溶于微胶囊体系的连续相中,而聚合物在整个体系中是不可溶的,因此聚合反应发生在芯材的表面。随着聚合反应的进行,预聚物的尺寸逐渐增大,并沉积在芯材的表面上,又因交联及聚合的不断进行,最终在芯材表面形成固体的胶囊外壳,所生成的聚合物薄膜可将芯材的表面全部覆盖[235]。Zhang 等[236]采用原位聚合法制备出了以正十八烷为芯材,以三聚氰胺甲醛为壁材的 PCM 微胶囊,其微观结构如图 6-10 所示。微胶囊的粒径范围在 $0.2 \sim 5.6 \mu m$,正十八烷在 PCM 微胶囊中所占质量分数为 $65\% \sim 78\%$,采用的脲/三聚氰胺/甲醛比例不同时,PCM 胶囊的热稳定性也不相同,当脲/三聚氰胺/甲醛的比例为 $0.2 : 0.8 : 0.3$ 时,PCM 胶囊的最高热稳定温度为 160℃,如果在此基础上添加 8.8% 的环己烷,热稳定温度可以进一步提高 37℃。Palanikkumaran 等[237]采用原位聚合法制备出了以正十八烷为芯材,以密胺树脂为壁材的 PCM 微胶囊。所制备的 PCM 微胶囊中正十八烷的含量高于 70%,相变焓也高于 160J·g^{-1},胶囊的热稳定温度高达 100℃,并将其涂覆在纤维上,制备出了储热调温纤维,其相变焓高于 100J·g^{-1}。虽然 PCM 微胶囊最近几年发展比较迅速,但是由于其粒径相对较大,长时间使用后导致流体的黏度增大,并且囊壁也容易破裂,使其在某些领域的应用受到限制,因此粒径更小的纳米胶囊开始备受研究者的关注[238]。纳米胶囊最早是由 Narty 在 1970 年提出,并被广泛应用于燃料及香料当中[251,252]。

　　悬浮聚合法是一种新型的微胶囊制备方法,在制备的过程中将聚合物单体溶解于有机相中,随着聚合反应的进行不断从有机相中析出,沉积在有机液滴表面,最终形成微胶囊[228]。黄全国等[239]采用类悬浮聚合法制备了以石蜡为芯材,以聚苯乙烯为壁材的 PCM 微胶囊,并对其进行了相关的热性能测试及结构表征。研究结果表明,当 PCM 微胶囊中的石蜡含量为 $20\% \sim 50\%$ 时,对芯材的保护效果较好,传热能力也较石蜡有所提升,并且微胶囊都呈现出良好的球形(图 6-11)。但

(a)　　　　　　　　　　(b)

图 6-10　用原位聚合法制备的正十八烷/三聚氰胺甲醛 PCM 微胶囊[236]

是,微胶囊的表面上形成大小不均的微孔,并且球的粒径分布比较大,当 PCM 微胶囊中的石蜡含量为 60% 时,微胶囊的形貌变得不规则,空洞也变大,甚至出现壳体破裂。Sanchez 等[240]采用悬浮聚合法以聚苯乙烯为壁材对几种不同极性的 PCM 进行了包覆,所制备的 PCM 微胶囊粒径分布在 $200\sim500\mu m$,相变焓最高达到 120J·g^{-1};并且还发现,聚苯乙烯不能包覆亲水性的聚乙二醇,而对非极性的正烷烃类的 PCM 则包覆效果很好。

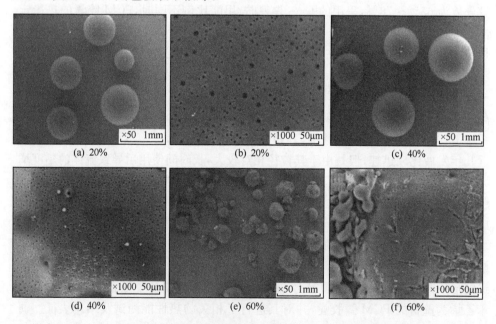

(a) 20%　　　　(b) 20%　　　　(c) 40%

(d) 40%　　　　(e) 60%　　　　(f) 60%

图 6-11　不同石蜡含量的 PCM 微胶囊 SEM 图[239]

　　复凝聚法又称为相分离法,指两种或多种带有相反电荷的高分子材料为原材料形成壁材,然后将 PCM 等芯材分散在壁材溶液中,在适当的温度或 pH 等条件下使带相反电荷的聚合物间发生静电作用,使其溶解度降低而发生相分离,在 PCM 等芯材表面凝聚形成微胶囊[228,241]。邢琳等[242]以正十四烷为芯材,以明胶和阿拉伯胶为壁材,采用复凝聚法制备了三种不同壁材和芯材比例的 PCM 微胶囊,并将其应用在空调蓄冷材料中。研究结果表明,制备的 PCM 微胶囊 A 较其他两种的热性能更符合空调蓄冷的要求,其凝固时的相变焓为 189.2J·g^{-1},融化时的相变焓为 191.9J·g^{-1},尺寸在 1~20μm,并且胶囊包覆效果较好。Basal 等[243]以正二十烷为芯材,以壳聚糖、丝素蛋白为原料,采用复凝聚法制备出了 PCM 微胶囊,其微观形貌如图 6-12 所示。粒径尺寸在 8~38μm,囊壁是具有双层的独特结构,其正二十烷的平均质量分数为 45.7%,凝固时的相变焓为 89.68J·g^{-1},融化时的相变焓为 93.04J·g^{-1}。

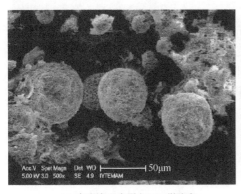
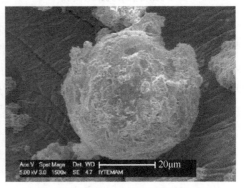

(a) 壳聚糖/丝素蛋白PCM微胶囊　　　　　　(b) 通过氮化处理具有两层结构的破裂的微胶囊

图 6-12　PCM 微胶囊 SEM 图[243]

　　喷雾干燥法,首先将芯材物质分散在预先液化的壁材溶液中形成悬浮液或乳浊液,并将其运送至具有喷雾干燥功能的雾化器中,分散液会在高温气流中雾化,并迅速蒸发掉液滴中溶解壁材的溶剂,从而使壁材固化,最终将芯材物质微胶囊化[228,241]。Hawlader 等[202]以明胶和阿拉伯胶水溶液为壁材,以石蜡为芯材,采用喷雾干燥法制备了 PCM 微胶囊,制备过程是先将熔融后的石蜡加入明胶溶液中,在 10000r·min^{-1}的速率下进行乳化,温度维持在 65℃,在乳化的过程中添加阿拉伯胶水溶液,并降低溶液的 PH 至 4;然后在喷雾干燥设备中进行喷雾干燥,将离心喷雾头的转速调整至 25000r·min^{-1},进出口温度维持在 130℃和 80℃,即可制备出 PCM 微胶囊。所制备的芯材和壁材三种不同比例的微胶囊相变焓均在 145J·g^{-1},SEM 观测结果如图 6-13 所示,微胶囊粒径分比较均匀。

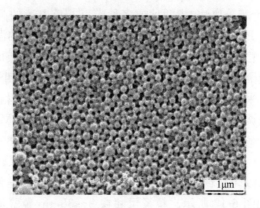

图 6-13　采用喷雾干燥法制备的 PCM 微胶囊 SEM 图[202]

6.4.2　PCM 微胶囊的强化传热

导热系数是 PCM 微胶囊等储能传热介质的重要参数之一,导热性能越好,储能效率就越高,反之亦然。但是,PCM 微胶囊导热系数普遍偏低,并且 PCM 悬浮液也随着 PCM 微胶囊的质量浓度增高而降低。例如,Zhang 等[244] 和刘丽等[245] 研究了不同质量浓度的 PCM 微胶囊对悬浮液导热性能的影响。研究结果如图 6-14 所示,PCM 微胶囊悬浮液的导热系数随着 PCM 微胶囊的质量浓度的增大而减小。

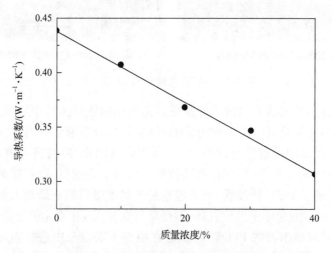

图 6-14　导热系数与 PCM 微胶囊悬浮液质量浓度的关系[245]

为了提高 PCM 微胶囊或其传热流体的换热效率,很多研究者在流体中添加高导热纳米颗粒,使 PCM 微胶囊流体的传热性能有很大的提高。Wang 等[246] 为了解决 PCM 微胶囊传热性能差的问题,在其悬浮液中添加 TiO$_2$作为强化传热材料,添加 TiO$_2$前后的微观形貌如图 6-15 所示。研究结果表明,在热流体中加入 PCM 微胶囊时,虽然储热能力提高,但是其热导率降低,在 PCM 微胶囊含量在 5%～20%的热流体中添加 0.5% TiO$_2$,传热率有明显提高。王亮等[247]采用数值方法研究了纳米颗粒的数量、粒径和热导率对热流体努塞尔数 Nu 的影响,其关系如图 6-16 所示。研究结果表明,PCM 微胶囊与流体之间的传热 Nu 随着吸附纳米颗粒的数量、粒径及热导率的增大而增大,并且可以提高 PCM 微胶囊的相变速率,缩短相变所需的时间。

在 PCM 微胶囊悬浮液中添加高导热纳米颗粒后,纳米颗粒的一部分吸附在 PCM 微胶囊颗粒表面,另一部分悬浮在基液中,这对于 PCM 微胶囊颗粒与周围流体之间的 Nu 和流体的导热性能都有一定的提升作用,最终提高了 PCM 微胶囊悬浮液的热导率[247]。

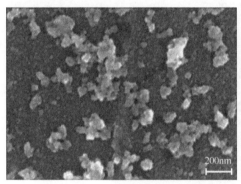

(a) TiO$_2$纳米粒子

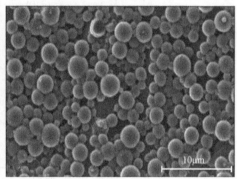

(b) PCM微胶囊

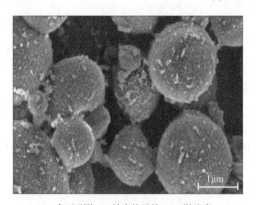

(c) 表面吸附TiO$_2$纳米粒子的PCM微胶囊

图 6-15　TiO$_2$纳米粒子、PCM 微胶囊以及其复合的 SEM 图[246]

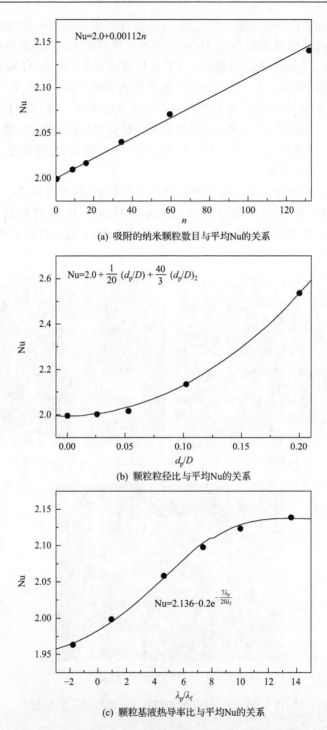

(a) 吸附的纳米颗粒数目与平均Nu的关系

(b) 颗粒粒径比与平均Nu的关系

(c) 颗粒基液热导率比与平均Nu的关系

图 6-16　纳米颗粒数目、粒径、热导率与 Nu 之间的关系[247]

6.5　PCM 的分子动力学模拟

由于在实验方法和测试手段等方面的差异,如添加高导热粒子时的存在分散均匀性差异,在对 PCM 进行强化传热的研究中,不同的研究者对同种材料的热物性的研究都会存在一定的差异。Sari 和 Karaipekli[218],Xia 等[248]和 Zhong 等[249]都通过实验对石蜡和膨胀石墨/石蜡复合材料的导热系数进行了研究。其中,Sari 和 Karaipekli[218]的研究结果是,分别添加 2%、4%、7%和 10%的膨胀石墨后,PCM 的导热系数分别为 $0.40\text{W} \cdot \text{m}^{-1} \cdot \text{K}^{-1}$、$0.52\text{W} \cdot \text{m}^{-1} \cdot \text{K}^{-1}$、$0.68\text{W} \cdot \text{m}^{-1} \cdot \text{K}^{-1}$ 和 $0.82\text{W} \cdot \text{m}^{-1} \cdot \text{K}^{-1}$;而同比例的膨胀石墨添加后,在 Xia 等[248]的实验结果中,对应的 PCM 导热系数分别约为 $0.50\text{W} \cdot \text{m}^{-1} \cdot \text{K}^{-1}$、$1.28\text{W} \cdot \text{m}^{-1} \cdot \text{K}^{-1}$、$3.03\text{W} \cdot \text{m}^{-1} \cdot \text{K}^{-1}$ 和 $3.88\text{W} \cdot \text{m}^{-1} \cdot \text{K}^{-1}$;未添加膨胀石墨的纯石蜡,他们的测试结果分别为 $0.22\text{W} \cdot \text{m}^{-1} \cdot \text{K}^{-1}$ 和 $0.305\text{W} \cdot \text{m}^{-1} \cdot \text{K}^{-1}$。Zhong 等[249]将膨胀石墨压缩至几种不同的体积密度,然后与石蜡混合,发现随着膨胀石墨体积密度的改变,复合 PCM 的导热系数能提升 28～180 倍。由于测试仪器的精度、测试样品的用量和形状不同等因素也都有可能引起实验结果的不同。对于 PCM 的其他热物性,如用差示扫描量热仪(differential scanning calorimetry,DSC)测试复合 PCM 的相变潜热、相变温度等参数时,由于样品量小,并且测试条件不同,也会导致获得的结果可能存在差异。另外,某些实验中涉及的实验设备昂贵、实验成本高。因此,采用一种能与实验相补充,并且不受客观环境条件等限制的研究方法得到 PCM 的热物性是非常有必要的,而且对新型 PCM 的材料设计具有一定的指导意义。

根据分子动力学模拟的方法和理论,结合 PCM 在动力电池热管理中的应用,研究 PCM 与电池接触的方式不同时所呈现的静态特性和流动特性。本节主要介绍通过建立不同的 PCM 体系的分子模型,采用分子动力学模拟对单质烷烃的比热与导热系数、高导热纳米金属粒子在烷烃中的扩散特性和烷烃基相变胶囊传热介质的自扩散特性的相关研究工作。

6.5.1　分子动力学模拟的方法与理论

分子动力学模拟是通过组成系统的微观粒子(分子、原子、离子,在分子动力学模拟中统称为分子)间的相互作用势函数,根据经典力学牛顿运动定律或量子力学方法,求解运动方程,研究微观粒子的运动规律,对系统微观态进行统计,进而获得体系的热力学量以及其他的宏观性质[250]。一个含有 N 个分子或原子的运动系统,其系统的能量为系统中分子的动能与总势能之和,而总势能为分子中各原子位置的函数。根据经典力学可知,系统中任一原子 i 所受的力可表示为[251]

$$F_i = -\nabla_i U = -\left(i\frac{\partial}{\partial x_i} + j\frac{\partial}{\partial y_i} + k\frac{\partial}{\partial z_i}\right)U \tag{6-7}$$

由牛顿第二定律可得原子 i 的加速度为

$$a_i = \frac{F_i}{m_i} \tag{6-8}$$

通过对牛顿运动定律方程式中时间进行积分,可预测到原子 i 经过时间 t 之后的速度与位置,分别表示如下:

$$\frac{d^2}{dt^2}r_i = \frac{d}{dt}v_i = a_i \tag{6-9}$$

$$v_i = v_i^0 + a_i t \tag{6-10}$$

$$r = r_i^0 + v_i^0 t + \frac{1}{2}a_i t^2 \tag{6-11}$$

式中, v_i 和 r 分别表示粒子的速度与位置;上标"0"表示各物理量的初始值。通过以上各式求解,可以得到各时间下系统中分子运动的位置、速度和加速度等参数。分子动力学模拟的关键主要是求解上述的牛顿运动方程,一般采用能同时得到位置、加速度和速度的 Velocity-Verlet 算法[252],根据该算法,可以得到在 $t+\Delta t$ 时刻原子的位置、加速度和速度,可表示如下:

$$r(t+\Delta t) = r(t) + \Delta t v(t) + \frac{1}{2}(\Delta t)^2 a(t) \tag{6-12}$$

$$a(t+\Delta t) = \frac{f(t+\Delta t)}{m} \tag{6-13}$$

$$v(t+\Delta t) = v(t) + \frac{1}{2}\Delta t[a(t) + a(t+\Delta t)] \tag{6-14}$$

6.5.2　单质烷烃的比热与导热系数

石蜡一般是直链烷烃的混合物[253],因此,在采用分子动力学模拟石蜡类 PCM 时,PCM 系统的模型一般由单质烷烃或烷烃混合而成。根据动力电池热管理系统 PCM 相变温度等参数的需求,选择熔点在 35~50℃ 的烷烃进行分子动力学模拟,首先分别建立了由正十九烷(n-nonadecane, $C_{19}H_{40}$)、正二十烷(n-eicosane, $C_{20}H_{42}$)、正二十一烷(n-heneicosane, $C_{21}H_{44}$)和正二十二烷(n-docosane, $C_{22}H_{46}$)构成的纯 PCM 体系,其中基于正十九烷和正二十二烷的 PCM 构型如图 6-17 所示。各体系均由 40 条分子链构成,结构为无定形结构,采用立方形盒子。

比热(包括定压比热容与定容比热容)作为 PCM 的主要热物性参数,在分子动力学模拟中,定压比热容(C_p)可由式(6-15)[254]计算:

$$C_p = \frac{1}{k_B T^2}\langle\delta(E_K + U + pv)^2\rangle \tag{6-15}$$

式中, k_B 代表玻尔兹曼常量; T 代表温度; E_K、U 分别代表动能和势能; p、v 分别代

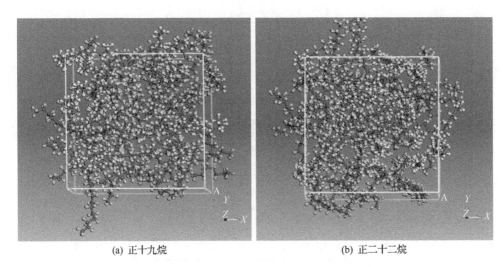

(a) 正十九烷　　　　　　　　　　(b) 正二十二烷

图 6-17　PCM 体系的无定形结构[34]

表系统压力和体积；〈　〉代表系综平均。

　　基于正烷烃的各 PCM 体系的总能量与定压比热容随温度的变化情况如图 6-18 所示。随着烷烃 C 原子数和模拟时间的增加，在升温和降温过程中，各 PCM 体系中的总能量和定压比热容均表现出很好的一致性。van Miltenburg 等[255]曾给出了正十九烷和正二十烷从 10～390K 温度范围内的定压比热容的实验测试值，其中正十九烷的 C_p 值从 280K 时的 1.82kJ·kg^{-1}·K^{-1} 增加到 360K 时的 2.41kJ·kg^{-1}·K^{-1}，正二十烷的 C_p 值从 280K 时的 1.68kJ·kg^{-1}·K^{-1} 增加到 360K 时的 2.41kJ·kg^{-1}·K^{-1}，而模拟结果与实验结果非常接近。当温度小于 PCM 相变温度时，模拟的正十九烷与正二十烷的定压比热容与实验值相差不超过 20%，在温度大于 PCM 相变温度时，也不超过 9.5%。其偏差的产生主要原因可能包括实验中所用烷烃的纯度以及实验仪器的精度与实验条件、或者分子动力学模拟中模型的简化以及力场适应性等。但模拟值与实验值的相近也同时说明所建立无定形 PCM 结构，能够认识和了解 PCM 宏观热物理性质变化的微观机理。

　　常压下由正二十二烷构成的 PCM 体系的导热系数随温度的变化情况如图 6-19 所示。当体系温度分别为 283K、288K、293K、298K、303K、308K、313K、318K、323K 和 328K 时，计算所得的相应的导热系数分别为 0.06W·m^{-1}·K^{-1}、0.12W·m^{-1}·K^{-1}、0.11W·m^{-1}·K^{-1}、0.23W·m^{-1}·K^{-1}、0.33W·m^{-1}·K^{-1}、0.37W·m^{-1}·K^{-1}、0.23W·m^{-1}·K^{-1}、0.24W·m^{-1}·K^{-1}、0.52W·m^{-1}·K^{-1} 和 0.49W·m^{-1}·K^{-1}。文献[218]和[256]中给出的石蜡类 PCM 的导热系数范围为 0.1～0.4W·m^{-1}·K^{-1}，因此，当温度介于 288～318K 时，可以认为分子动力学计算出来的导热系数接近于宏观实验数据范围，其计算结果是有意义的。

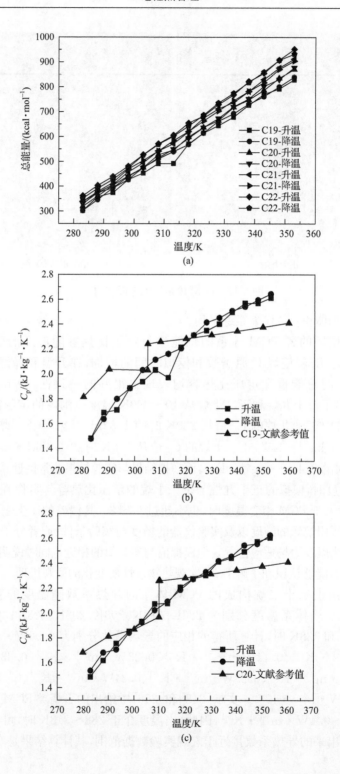

(a)

(b)

(c)

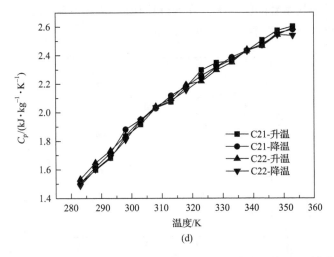

(d)

图 6-18　不同 PCM 体系的总能量与定压比热容随温度的变化[34]

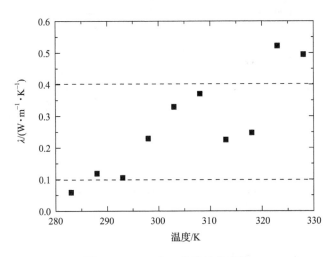

图 6-19　正二十二烷的导热系数

　　烷烃的导热系数也会受到压力的影响,文献[257]给出了几种常温下呈液态的烷烃的导热系数从 0.1~250MPa 压力下的变化,其结果表明,随着压力增大,烷烃的导热系数增加。对于正二十二烷,常温下呈固态的 PCM 体系,其自扩散系数与导热系数随压力的变化如图 6-20 所示。当 0.1MPa 时,三次计算所得的导热系数分别为 0.233W · m^{-1} · K^{-1}、0.216W · m^{-1} · K^{-1}、0.228W · m^{-1} · K^{-1};当 0.5MPa 时,分别为 0.150W · m^{-1} · K^{-1}、0.136W · m^{-1} · K^{-1}、0.186W · m^{-1} · K^{-1}。不难看出,随着体系压力增加,自扩散系数和导热系数均呈小幅度的下降趋势。其原因是压力的增加限制了正二十二烷分子链条的拉伸、扭转等。另外,当压力增加至

0.5MPa 时,其导热系数降幅不大。在实际应用时,因密封而引起的 PCM 体系内压力变化对 PCM 导热性能的影响可以忽略。

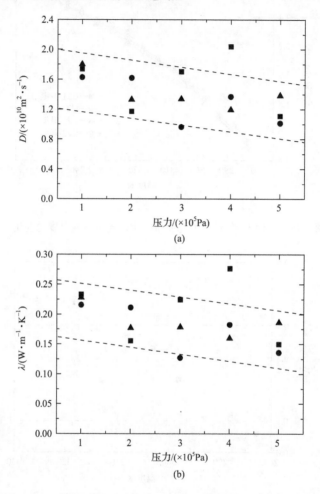

图 6-20　不同压力下正二十二烷的自扩散系数与导热系数[34]

6.5.3　高导热纳米金属粒子在烷烃中的扩散特性

在 PCM 中添加高导热粒子进行强化传热时,简称粒子增强型 PCM。在添加不同粒径的高导热粒子后,如果粒子与 PCM 间不发生化学反应,PCM 的微观结构也不会发生变化。为简化分子动力学模拟过程中的计算,本节以铝纳米粒子为高导热粒子,用直链烷烃代表石蜡,分别建立正十九烷和铝纳米粒子的混合 PCM 模型,其结构示意图如图 6-21 所示。首先在立方体中建立正十九烷的无定形结构模型,采用 Smart Minimizer 方法对其进行能量最小化,并在常温常压下进行平衡

弛豫,在体系达到平衡后,分别添加直径为 1nm、2nm、3nm 和 4nm 的铝纳米粒子,
构建四个不同的由正十九烷和铝纳米粒子混合而成的 PCM 体系。每个混合 PCM
体系中均含有 80 条正十九烷分子链,由于体系中铝纳米粒子的粒径增加,四个混
合 PCM 体系中对应的铝原子数分别为 43、249、887 和 1985,且各体系对应的总的
原子数分别为 4763、4969、5607 和 6705。分子初速度仍按 Maxwell 分布取样,按
Verlet velocity 算法进行求解,范德华和静电作用分别采用 Atom 和 Ewald 方法,
力场采用 COMPASS 力场,边界条件采用周期性边界条件,控温和控压方法分别
为 Nosé-Hoover 法和 Berendsen 法。

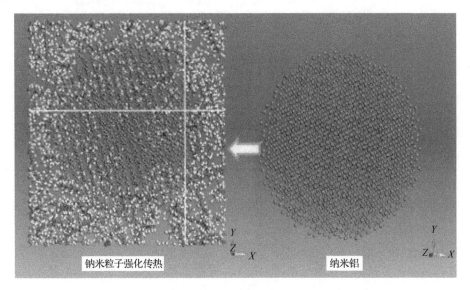

钠米粒子强化传热　　　　　纳米铝

图 6-21　正十九烷和铝纳米粒子混合的 PCM 结构示意图[258]

　　在分析正十九烷和铝纳米粒子混合 PCM 体系之前,分别对各体系进行能量
最小化,并且在 NPT 系综进行 1000ps 的弛豫,然后在 NVT 系综下再进行 500ps
的弛豫,其中某个混合 PCM 体系在能量最小化和平衡弛豫过程中的能量变化如
图 6-22 所示。随着模拟时间的增加,体系的能量基本上在恒定范围内上下波动,
此时可认为 PCM 各体系已趋平衡。

　　在正十九烷和铝纳米粒子的各混合 PCM 体系达到平衡后,分别在 283K 和
353K 的温度下进行 1000ps 的分子动力学模拟,模拟在 NPT 系综进行,体系的结
构参数与密度如表 6-6 所示。模拟所在的温度环境分别为正十九烷相变前后的温
度,通过密度变化可以看出,正十九烷发生相变后,体系的密度均变小,与液体石蜡
密度比固体石蜡密度小的宏观性质一致。

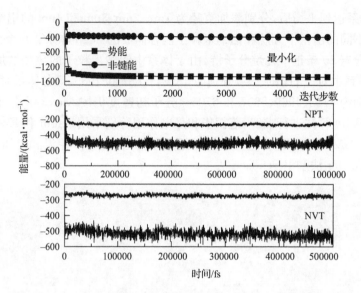

图 6-22　混合 PCM 体系能量最小化和平衡弛豫过程中的能量变化[34]

表 6-6　混合 PCM 体系的模拟参数与密度[34]

D_{Al}/nm	T/K	C₁₉H₄₀＋钠米铝			
		长度/Å			ρ/(g·cm⁻³)
		a	b	c	
1	283	36.2967	35.2205	34.6431	0.8531
	353	36.2967	35.2205	34.6431	0.8100
2	283	36.2423	37.1097	35.2380	0.9998
	353	36.2423	37.1097	35.2380	0.9629
3	283	38.7393	38.5142	38.4882	1.3279
	353	38.7393	38.5142	38.4882	1.3005
4	283	42.8215	41.8132	42.0029	1.6758
	353	42.8215	41.8132	42.0029	1.6601

　　在模拟温度分别为 283K 和 353K 时,正十九烷/铝纳米粒子混合 PCM 体系的均方位移(MSD)和自扩散系数如图 6-23 所示。所添加铝纳米粒子的粒径分别为 1nm、2nm、3nm 和 4nm 时,283K 温度下对应的混合 PCM 体系的自扩散系数分别为 $4.743 \times 10^{-11} m^2 \cdot s^{-1}$、$1.993 \times 10^{-11} m^2 s^{-1}$、$0.832 \times 10^{-11} m^2 \cdot s^{-1}$ 和 $0.307 \times 10^{-11} m^2 \cdot s^{-1}$,而温度为 353K 时,对应的混合 PCM 体系的自扩散系数分别为 $23.870 \times 10^{-11} m^2 \cdot s^{-1}$、$11.708 \times 10^{-11} m^2 \cdot s^{-1}$、$2.448 \times 10^{-11} m^2 \cdot s^{-1}$ 和 $1.153 \times$

$10^{-11}\,\mathrm{m^2 \cdot s^{-1}}$。随着温度增加,自扩散系数也随之增加。随着铝纳米粒子粒径的增加,混合 PCM 体系的自扩散系数减小,但当铝纳米粒子的粒径增加到一定程度时,正十九烷熔化前后,混合 PCM 体系的自扩散系数基本相同。其原因是,混合 PCM 体系中烷烃的含量一定,随着铝纳米粒子粒径的增加,铝在混合物中所占的质量分数和体积分数逐渐增大,在铝粒子的粒径增加到一定值后,由于铝和烷烃密度不一、质量效应易发生沉淀的现象。另外,高导热粒子质量分数和体积分数的增加也会导致其填充过量,导致体系中的 PCM 基材的流动性变弱。同时,受体系总的潜热限制,高导热粒子作为强化传热材料,其添加量也不宜过多。当高导热粒子填充过量时,所占的体积比过大,而 PCM 在熔融状态与之混合时,由于 PCM 流动性弱,易出现混合不均匀甚至无法混合的情况或使混合物出现疏松多孔状态,此时

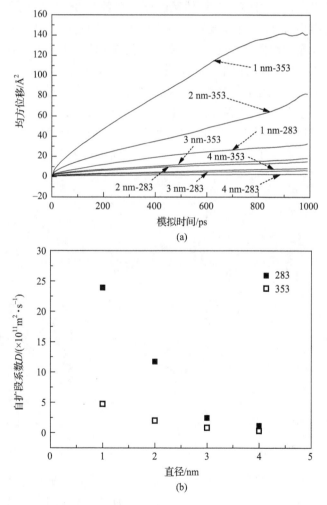

图 6-23　正十九烷/铝纳米粒子混合 PCM 体系的 MSD 和自扩散系数[34]

不利于传热。因此,通过添加高导热粒子对石蜡类 PCM 进行强化传热时,并不是粒子的粒径越大越好。

6.5.4　烷烃基相变胶囊传热介质的自扩散特性

将 PCM 基材用聚合物材料等形成微米、纳米和大胶囊也是 PCM 强化传热的一种方法,同时也能够避免 PCM 在固液相变过程中的泄漏,在热利用等领域具有广阔的应用前景。以正十八烷为芯材,以二氧化硅为壳材,建立正十八烷/二氧化硅胶囊 PCM 的模型并进行分子动力学模拟。

正十八烷/二氧化硅胶囊 PCM 的模型及其构建过程如图 6-24 所示。胶囊的内径为 4nm,外径为 5nm,内部包含 31 条正十八烷的分子链。胶囊外壳由 716 个二氧化硅分子组成,一个胶囊 PCM 体系的原子总数为 3884。为了研究外壳对体系扩散性能的影响,将胶囊外壳设置为自由(free)和固定(constrained)两种类型,分别代表软质外壳和硬质软外壳,共构建两个胶囊 PCM 体系,分别进行计算。各体系初始构型构建好后,分别进行能量最小化(smart minimizer)和一个循环(280~380K)的退火处理,并紧跟 100ps 的常温常压动力学过程,对体系的构型进行平衡弛豫。体系平衡后,对两个胶囊 PCM 体系分别从 283K 至 353K 进行升温的分子动力学模拟,每个温度结束时的构型作为下个温度计算时的初始构型,温度梯度为 10K。每个温度下模拟时间为 1000ps,时间步长为 1fs。

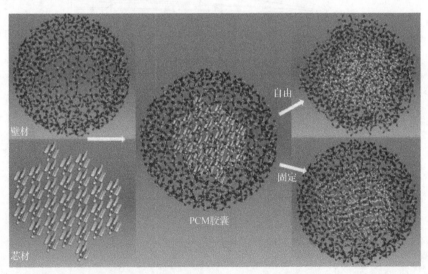

图 6-24　正十八烷/二氧化硅胶囊 PCM 的模型及其构建过程示意图[259]

为了验证模拟时间的有效性,首先对胶囊 PCM 体系常温常压下的 MSD 曲线求斜率,记为 k_{MSD},模拟时间从 200ps、300ps 增加至 1000ps 时,各时间下两胶囊

PCM 体系对应的 k_{MSD} 值如图 6-25 所示。随着模拟时间的增加,软质外壳和硬质软外壳胶囊 PCM 体系的 k_{MSD} 值均趋于恒定。因此,可以认为模拟时间为 1000ps,对于两个体系的模拟均是足够的。

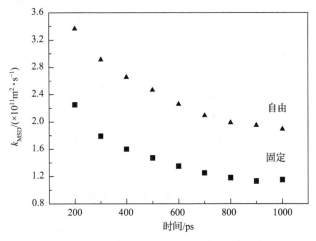

图 6-25　不同模拟时间时的 k_{MSD} 变化[259]

当模拟温度从 283K 变化至 353K 时,两个胶囊 PCM 体系的 MSD 曲线如图 6-26 所示。为减小前 200ps 和后 200ps 的 MSD 值对自扩散系数的影响,分别截取 0~1000ps、200~800ps、200~1000ps 的 MSD 对自扩散系数进行计算。

两个胶囊 PCM 体系在不同温度下的自扩散系数如图 6-27 所示。截取的 MSD 值所处的时间段不同时,体系的自扩散系数也有所不同,但总的趋势基本保持不变。随着温度的增加,各体系自扩散系数增加的趋势不变。但温度相同时,胶囊外壳为软质材料时的自扩散系数比胶囊外壳为硬质材料时的自扩散系数大。

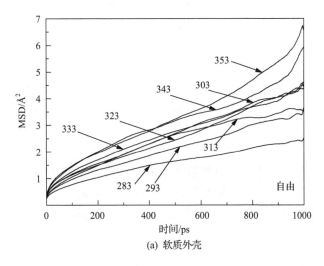

(a) 软质外壳

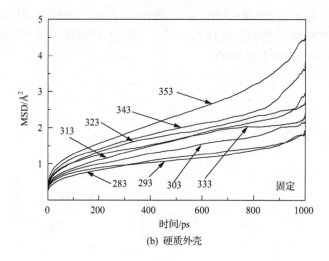

(b) 硬质外壳

图 6-26　胶囊 PCM 体系的 MSD 曲线[259]

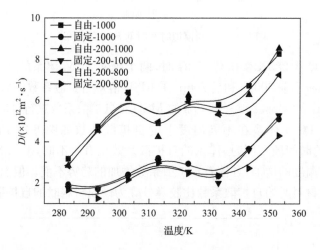

图 6-27　两个胶囊 PCM 体系在不同温度下的自扩散系数[259]

两个胶囊 PCM 体系在 353K 时的径向分布函数如图 6-28 所示。在 r 为 $0.31\sim$ 0.50nm、0.54~0.68nm、0.74~0.90nm 时，软质外壳胶囊的 RDF 值比硬质外壳胶囊的 RDF 值高。这说明在这些距离区间内，软质外壳胶囊的原子出现的概率更高。

根据两个胶囊 PCM 体系自扩散系数和径向分布函数的变化可以得出，当胶囊外壳为软质材料构成时，胶囊体系的自扩散性能明显更佳，更有利于能量的传递，从宏观行为上看是更有利于热量的传递。下面通过烷烃分子链的末端距变化进行进一步分析。

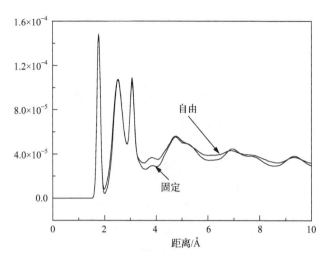

图 6-28　两个胶囊 PCM 体系在 353K 时的径向分布函数[259]

　　在进行计算之前,先将芯材正十八烷的某条分子链进行标定,以便模拟过程记录分子链的末端距变化,两个胶囊 PCM 体系在 283K 和 353K 时该分子链的末端距分布情况如图 6-29 所示。由于分子可绕碳-碳单键自由转动,所以长链烷烃可以表现出各种不同的构象,而相邻四个碳原子构成的分子段构象又以反式和交叉最为常见,当各分子段均表现为反式构象(全反式)时,烷烃分子的末端距最大[260]。当胶囊外壳为软质材料时,正十八烷的末端距主要分布在 19.5Å 附近,此时,正十八烷分子链主要呈现全反式构象;当胶囊外壳为硬质材料时,正十八烷分子链的末端距从 283K 时的主要分布在 18.9Å 附近缩小至 353K 时的主要分布在 1.83Å 附近。由于烷烃的相变过程伴随着体积变化,且熔化后体积变大,当胶囊

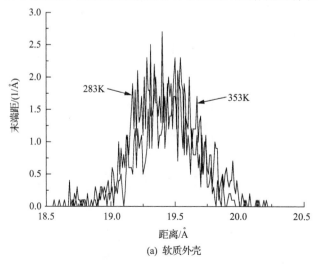

(a) 软质外壳

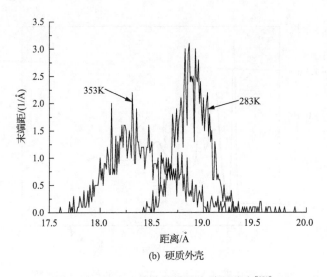

(b) 硬质外壳

图 6-29　正十八烷分子链的末端距分布[259]

外壳为软质材料时,芯材烷烃的分子链的扭转、伸缩等不受影响,而当胶囊外壳为硬质材料时,芯材烷烃由于受到壳材的限制,在扭转、伸缩上出现被束缚现象,且硬质外壳会造成不同胶囊之间缝隙增加,不同胶囊之间接触热阻增大。通过以上结论表明,软质外壳更有利于胶囊 PCM 的传热。

第 7 章　基于热管的电池散热

7.1　概　　述

近年来快速发展的热管(heat pipe,HP)技术,已经在许多领域得到广泛应用[261-263]。热管是利用管内介质相变进行吸热放热的高效换热元件。热管在电池热管理中的应用,主要是散热,最早是用于人造卫星、飞船等太空设备的电池冷却[264]。热管用于电动汽车动力电池系统,也是随着电池热问题的日益突出而开始引起关注。Wu 等[113,265]先后对热管在 Ni-MH 电池和 Li-ion 电池中的散热效果进行了研究,在对容量为 12A·h 的圆柱形 Li-ion 电池(直径 40mm,长度 110mm)进行散热设计时提出了在热管冷凝端加铝翅片以及风扇等增强传热的方法。张国庆等[266]对由 6 个 SC 型镍氢电池(容量 2200A·h,直径 22mm,长度 42.5mm)组成的模块进行了散热实验,冷却方式采用重力型热管,电池温度能有效控制在 43℃以下。Swanepoel[267]分析了脉动热管(pulsating heat pipes,PHPs)不同管壁材料、管内介质的传热性能,并对 PHPs 在 HEV 中的热管理进行了设计,所用铅酸电池组(optima spirocell,12V,65A·h)置于车厢尾部,并结合车行驶过程中的流动空气进行强化散热。Jang 和 Rhi[268]针对 Li-ion 电池的热管理设计了回路热管(loop thermosyphon),实验表明电池温度能保持在 50℃以下。他们认为,热管适用于未来的 EV 和 HEV 的电池热管理。本章通过建立基于扁平烧结热管和脉动热管的电池散热系统分别研究热管对电池的散热效果。

7.2　热管冷却基本原理

热管是一种传热性能很好的人工构件。常用的热管由三部分组成:主体为一根封闭的金属管管壳,热管内部空腔内有少量工作介质和毛细结构,管内的空气及其他杂物必须排出,使热管处于真空状态。热管工作时主要利用了以下三种物理学规律:

(1) 热管内部液体处于真空状态时沸点比较低。

(2) 多孔毛细结构可对液体产生抽吸力,促使液体流动。

(3) 同种物质汽化时,潜热比显热高得多。

热管按传热状况一般可划分为三部分:蒸发端、绝热段和冷凝端。热管的基本工作原理如图 7-1 所示,一般热管由管壳、吸液芯和端盖三部分组成,将热管内抽成 $1.3 \times (10^{-1} \sim 10^{-4})$Pa 的负压后充以适量的工作液体,使紧贴管内壁的吸液芯毛细多孔材料中充满液体后加以密封。热管的吸热端为蒸发端,散热端为冷凝端,根据应用需要在热管的中间可布置绝热段。热管的工作原理如下:当热管的加热端受热时,工作介质受热蒸发并在微弱的压差作用下流向冷凝端,然后蒸汽在冷凝端散热重新变为液体,冷凝端的液体靠多孔材料的毛细力或重力的作用流回到蒸发端。根据热管的散热原理,蒸发端将电池所产生的热量以相变热的形式储存于工质中,借助工质输运能力把热量传递到冷凝端,冷凝端将热量传递到外界,以达到散热的效果。在热管中工质可以进行连续不断的循环,将电池产生的热量源源不断地传递到环境空气中,从而实现小温差下大热流的传输,使电池温度迅速降低[266]。

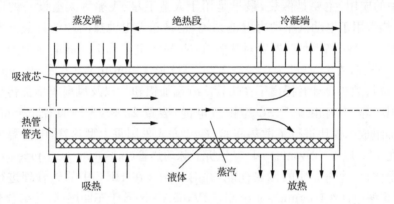

图 7-1　热管工作原理[269]

7.3　热管内流动工质选择

热管主要依靠工质的变相来传递热量,因此工作液体的各种物理性质对于热管的工作特性具有非常重要的影响。一般在选择工作液时应考虑以下原则[270]:

(1) 工作液体应具有良好的综合热物理性质。

(2) 工作液体与壳体、吸液芯材料应相容。

(3) 工作液体应满足经济合理、无毒、无污染等要求。

(4) 工作液体应具有良好的热稳定性。

(5) 工作液体需要适应热管的工作温度区,并有适当的饱和蒸汽压力。

一般情况下,工质按照热管的工作温度范围可分为以下几类,如表 7-1 所示。

(1) 深冷热管工质。深冷热管是指温度工作范围在 $0 \sim 200$K 的热管,在该温度区间运行的热管的工作介质可选择单元素形式的纯化学物质(如氧、氮、氩、氖、氮)和化合物(如乙烷、氟利昂)。

（2）低温热管工质。低温热管是指运行温度区间在 200～550K 的热管。在此温度区间运行的热管内部流动工质有丙酮、水、氨、酒精、氟利昂和某些有机化合物。在这些工质中尤其以水和氨运用最为广泛，它们具有很好的热物理性能，能够适应大多数低温场合要求。

（3）中温热管工质。中温热管是指运行在 500～750K 温度区域内的热管。这类热管根据其工作温度环境通常选取硫黄、水银、碱金属（如铯、钠）或者是某些化合物（如导热姆）换热剂。

（4）高温热管工质。高温热管是指工作温度在 750K 以上的热管。这类热管通常采用高熔点金属作为其工作介质，如钾、铅、锂、钠、铟等。这类介质中特别是金属锂，不但具有极高的熔点而且轴向传热密度较高，是作为高温热管工作介质的理想材料。

（5）高熔点材料的高温热管工质。这类热管属于工作温度范围在 1300K 以上的热管。这类热管一般运用于特殊高温环境，需要在特定的环境下工作，如真空或惰性气体环境下。这类热管在选择工作介质时需要考虑两方面的因素：一方面满足工作环境的需要，另一方面尽量延长热管的工作寿命。

表 7-1　不同温度条件下热管工作介质[270]

种类	工作介质	工作温度/℃
深冷热管	氦	−273～−269
	氢	−253～−243
	氖	−253～−243
	氮	−213～−196
低温热管	氨	−60～100
	R12	−40～100
	R11	−40～100
	R113	−10～100
中温热管	己烷	0～100
	丙酮	0～120
	乙醇	0～130
	甲醇	10～130
	甲苯	0～290
	水	30～250
	萘	147～350
	联苯	147～300
	导热姆 A	150～395
	导热姆 B	147～300
	汞	250～650

种类	工作介质	工作温度/℃
高温热管	钾	400～1000
	铯	400～1100
	钠	500～1200
高熔点材料的高温热管	锂	1000～1800
	银	1800～2300

目前用于电动汽车电池热管理的传热介质主要有：空气、冷却液和相变材料[271]，各传热介质的特点如表 7-2 所示。不同类型和大小的电池模块，可接受的温差范围不一样，小模块电池组最大可接受的温差为 2～3℃，大模块电池组最大可接受的温差为 6～7℃。更精准的控制需要更高的传热效率，更紧凑的机械设计需求需要更灵活的布置方法。环路热管不仅具有优异的传热能力，而且可以灵活地布置在电池组之中，能够很好地满足精准热管理的需求[272]。

表 7-2　各传热介质的特点对比[271]

传热介质	空气	冷却液	相变材料
与电池模块接触方式	直接接触	管道内流动	直接接触
结构设计	简单	复杂	复杂
传热效率结构设计	较低	较高	高
密封	较难密封	容易密封	容易密封
位置布置	受约束	不受约束	不受约束
维护要求	较低	较高	较高
技术运动程度	很广泛	较少应用	研究阶段
成本	低	较高	高

7.4　热管性能要求

动力电池作为储能装置元件，是电动汽车的核心部件之一。动力电池在充放电过程中会产生大量热量导致电池局部温度过高，影响电池性能甚至导致电池寿命急剧缩短。因此，动力电池热管理系统的优化设计是电池良好运行的保证，它在很大程度上影响着动力电池的发展和推广应用。常规的散热方式（如自然风冷和强制风冷方法）已经无法满足动力电池高热流密度散热的需要，需要研发新型冷却方式以适应电池模块高热流密度散热的要求。液冷技术的发展对于电池的散热来说非常有效,能够将电池所产生的大部分热量快速地传送到外界,然而,液体冷却的危险性比较高,容易漏液从而造成安全隐患。热管技术的发展应用解决了动力电池系统中散热困难等问题。热管冷却系统是依靠热管内工作液体的相变进行高效传热的热传导器。热管由于具有良好的热流密度可变性、导热性以及优良的恒温特性和环境适应性等特点,已成为电子电器设备高效散热的重要技术之一:热管是靠自身内部工作液体相变来实现传热的传热元件,具有以下基本特性[273]:

(1) 良好的导热性能。热管内部的热量传递主要靠工作液体的气、液相变,内部热阻很小,具有很好的导热性能。

(2) 良好的等温性能。热管内部的蒸汽处于饱和状态,饱和温度决定了饱和蒸汽的压力,饱和蒸汽从蒸发阶段流向冷凝阶段所产生的压力下降很小,温度下降也比较少,所以热管具有良好的等温性能。

(3) 热流密度可变性。蒸发端和冷却端的加热面积可以根据现实的情况而定,所以对于热管的输入热流密度可以改变。例如,当热管在比较小的加热面积输入热量时,可以以较大的冷却面积输出热量,反之也一样,这样就改变了热流密度,使热管在应用方面更加灵活。

(4) 热流方向的可逆性。一根水平放置的有芯热管,由于内部循环动力是毛细力,热管的任意一端都可以作为蒸发端或者冷凝端,两端可以互换,所以流动的方向可以互换。

(5) 热二极管与热开关性能。热管可做成热二极管或者热开关。热二极管就是只允许热流向一个方向流动,热量只进行单向导热,而不允许向相反的方向流动,如果热流反向流动,则其导热性能就会严重下降;热开关则是当热源的温度高于某一温度时,热管开始工作,当热源温度低于这一温度时,热管就不传热[274]。

(6) 恒温特性。具有恒温特性的热管属于可控热管,通常这种热管内部的热阻基本不随热量的增加而发生变化,因此当加热管输入的热量发生变化时,热管的温度也会发生变化。随着科技的发展,人们设计出了可控热管,这样的热管可以使得冷凝端的热阻随着热量的变化而变化,当热量增加时,冷凝端的热阻就会降低;相反,当热量减少时,冷凝端的热阻就会增加。这样就可以使热管在热量发生变化时,蒸汽温度变化非常小,以实现对温度的控制[275]。

(7) 环境的适应性。热管的形状可随外界设备的形状而变化,而其传热性能不会发生很大的变化,热管可以根据具体环境设置蒸发端和冷却端,热管这种环境适应性能可以使其应用到许多的领域,很早就已经应用于太空设备中[276,277]。

7.5　热管的相容性及寿命

热管的相容性是指在热管的预期工作寿命内,管内工作液体与管壳之间不发生显著的物理化学反应,或者有细微的变化但对热管的工作性能无影响。保证热管管壳与工作液体之间良好的相容性是热管的重要性能指标之一。只有具有良好相容性的热管才能保证稳定的传热性能、长期的工作寿命以及在一定工业运用的可能性。碳钢-水热管正是通过化学处理的方法解决了热管相容性的问题,才使得这种高性能、长寿命、低成本的热管得以在工业中大量推广使用[274]。

影响热管寿命的因素很多,归结起来,造成热管不相容的主要形式有以下三个方面,即产生不凝性气体,工作液体热物性恶化,管壳材料的腐蚀、溶解等。

(1) 产生不凝性气体。由于热管管壳材料与管内工质发生化学反应或电化学反应,从而产生一种难溶于工作液体的气体,此时,当热管工作时,不凝性气体随蒸发端气体一起流向冷凝端聚集且在冷凝端不液化,造成热管冷凝端的有效传热面积减小,热阻变大,传热性能急剧降低。

(2) 工作液体热物性恶化。工作液体热物性恶化指部分工质在一定温度下会逐渐分解并产生新的化学物质,这种化学物质与热管的管壳材料发生化学反应,造成管壳溶解变薄。这类物质尤其以有机材料居多,如甲苯、烃类等。工作液体热物性恶化会严重影响热管的传热性能。

(3)管壳材料的腐蚀、溶解。管壳材料的腐蚀、溶解是由于热管工作时始终存在工质的流动以及热管局部温度分布不均造成的。管壳材料的腐蚀会造成热管的传热性能恶化、工质流动阻力增大、寿命缩短等一系列问题。管壳材料的腐蚀、溶解在碱金属为材料的高温热管容易发生。

7.6　热管的工作条件

热管在正常工作时需要满足一定的条件,图 7-2 给出了热管内部汽-液交界面处的形状,蒸汽质量流量、压力以及管壁温度 T_{wc} 和管内蒸汽温度 T_v 随时间的变化关系。从热管蒸发端到冷凝端汽-液交界处的汽相与液相之间的静压差都与该处的毛细压差保持线性关系。

热管工作的必要条件是

$$\Delta P_c \geqslant \Delta P_l + \Delta P_v + \Delta P_g$$

其中,ΔP_c 是热管内部工作液体流动的推动力,用来克服热管内蒸发端到冷凝端的蒸汽压降 ΔP_v、冷凝液体从冷凝端流回蒸发端压降 ΔP_l 和由于重力所引起的内

部流体工质压降 ΔP_{g}，ΔP_{g} 的具体情况视热管所处的工作环境决定,可能是正值也可能是负值[274]。

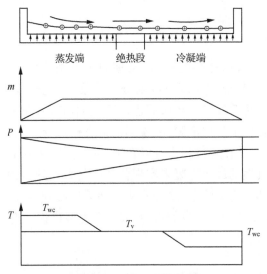

图 7-2　热管管内汽-液交界面质量流量、压力和温度沿管长的变化示意图[274]

虽然现实中热管的传热能力比较强,但是这并不意味着热管可以无限增大它的热负荷,很多因素制约着热管的传热率。图 7-3 给出了影响热管传热的各种极限[278],当热管达到极限时,传热量不能继续增加。例如,当热管达到某种极限后,热管的蒸发端干涸并出现过热,工作流体的循环会出现中断,而对于另外的某些极限,当其达到极限后,蒸汽的流速不再增加,除非改变工作温度。限制热管传热的极限有毛细力极限、声速极限、携带极限、沸腾极限及流体黏性极限等。这些传热极限取决于热管的形状尺寸、内部吸液芯的结构、工作介质和工作环境等[279-281]。

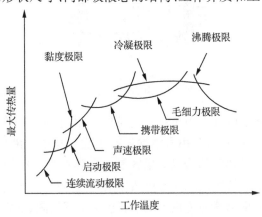

图 7-3　影响热管传热的各种极限[278]

7.7　几种典型热管的电池散热管理系统

7.7.1　重力型热管

两相闭式热虹吸管简称热虹吸管,又称为重力型热管。其结构如图 7-4 所示[282]。重力型热管从传热的角度可以划分为冷凝端、绝热段和蒸发端。液体工质在蒸发端受热后汽化蒸发经绝热段后进入冷凝端,在冷凝端中气态工质温度降低释放出潜热并在管壁上形成液膜,冷凝端的液态工质在重力的作用下沿管壁回到蒸发端,如此循环。在循环过程中可以看出,重力型热管主要是依靠工质在蒸发端的沸腾蒸发和冷凝端的放热冷凝来实现传热。与普通热管原理一样,重力型热管的特点是热管内部没有吸液芯,冷凝液从冷却端返回到蒸发端并不靠吸液芯产生的毛细力,而是通过冷凝液自身的重力,因此重力型热管结构简单、制造方便、价格低廉,工作稳定性较好[283]。

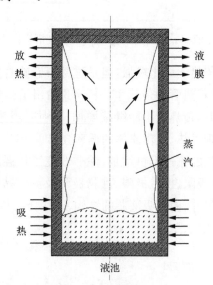

图 7-4　重力型热管[282]

重力型热管在现阶段的应用还有一些局限性,由于重力热管具有方向性,蒸发端必须设置于冷凝端的下方,利用凝结端液态工质自身重力沿热管内壁回流到蒸发端[266]。此外,重力型热管的传热效果容易受到其本身材料传热极限的影响,特别是在传热时超出了热管所能承受的传热极限,容易导致热管传热性能降低,缩短热管使用寿命。重力型热管的传热极限主要包括干涸极限、沸腾极限和携带极限。干涸极限一般发生在充液量过小时;沸腾极限是由于热流密度的增加从而导致液池内过冷沸腾所引起的;携带极限主要是由于随着热流密度的提高,气-液相界面上逐渐增大的剪切力阻碍冷凝液体回流而引起的[284]。为了保证热管工作状态处于这些传热极限范围内,目前一般采用的方法有:在重力型热管的蒸发端内同心放置开孔抑泡管,抑制该段气泡的脱离;在冷凝端内设置溢流同心导管,降低该段的凝结热阻;将重力型热管的内壁加工成为轴向槽道表面,提高热虹吸管的换热系数等[285]。

　　张国庆等[266]通过实验对基于重力热管的电池散热系统进行了实验研究,重力热管式电池冷却系统结构图如图 7-5 所示。该系统选用丙酮作为工质,以铝作为制作翅片的材料,工质管道及壳层材料均为铜。由于所设计的系统结构相对比较紧凑,与相同电池模块的风冷、液体冷却方案相比较,这个系统具有技术含量较高、工艺和制造相对复杂等特点,其系统初投资也与传统风冷方式相当,比复杂的液冷系统更具优势;而且系统具有换热效率高、冷却效果显著和寿命长等特点,这在一定程度上可降低用户对电池的维护和更换成本[266]。

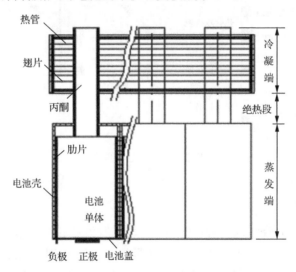

图 7-5　重力热管式电池冷却系统结构图[266]

　　如图 7-6 所示,采用热管的热管理系统,在这个系统中热管蒸发端被插入到燃料电池组的双极板中,电池内部所产生的热量主要通过管壁传递给热管,热管吸液芯中的工质吸收热量蒸发,蒸发气体由于受到微小压差作用向另一端流动并凝结成液体放出热量,凝结液由于受到吸液芯的毛吸引力而回流到热管的蒸发端,如此热管内部的工质循环从而达到热量的转移,最终达到降低燃料电池温度的目的。热管内部传热属于工质的相变传热,换热效率高,由于蒸汽内温差很小,具有良好的等温性,避免了电池内部出现局部温度过高的问题[286]。国内学者孙志坚等[287]

针对重力型热管在电池散热系统方面进行了一系列研究,发现在正常状态下,底面积为 $9.64×10^{-4}\mathrm{m}^2$ 的重力型热管电池散热系统在散热功率为 85W 时仍能保持电池组表面温度在 85℃ 以下。这表明重力型热管电池散热系统具有良好的散热性能,可满足较高的热流密度条件下电池的散热要求。与此同时,孙志坚等还研究了进口风速的改变对于重力型热管电池散热体统的影响,结果表明,重力型热管电池散热系统能够在进口风速风温一定幅度变动时保持电池散热系统的稳定性。这说明重力型电池散热系统具有良好的散热性能,可满足在较高热流密度条件下电池的冷却要求。

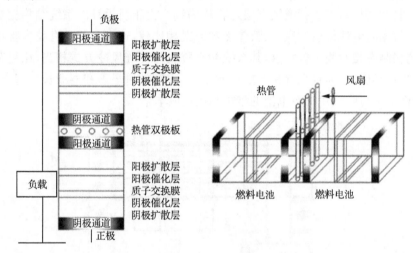

图 7-6　热管式燃料电池管理系统[286]

7.7.2　烧结热管

如图 7-7 所示为烧结式热管,微热管由管壳、吸液芯和端盖组成。将管内抽成 $1.3×10^{-1}\sim1.3×10^{-4}\mathrm{Pa}$ 的负压后充以适量的工作液体,使紧贴管内壁的吸液芯毛细多孔材料中充满液体后加以密封,当蒸发端受热时,毛细芯中的液体蒸发汽化,蒸气在微小的压差下流向冷凝端放出热量结成液体,液体再沿多孔材料靠毛细力的作用流回蒸发端,如此循环,热量就由微热管的一端传至另一端。在这个循环过程中,工质传输了大量的热量,其传热效率是铜棒的几百倍甚至上千倍[288]。

烧结式热管由于采用吸液芯结构,在毛细作用力下完成液态工质回流到蒸发端这一过程,而不依靠重力的作用,这样就避免了在微重力条件下热管液态工质难以返回蒸发端这一问题。采用吸液芯结构后液态工质的循环过程更快,有利于热量的快速传递和扩散,提高了热管的传热效率。近年来随着研究的不断深入,烧结热管的加工处理水平的不断提高使得在很多极端环境条件下烧结热管都得到了很好的应用。

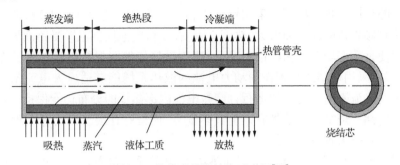

图 7-7　烧结式热管结构示意图[288]

目前,烧结式热管所面临的主要问题是,热管的结构和材料难以满足高热流密度环境条件下的需求,特别是在烧结式热管传热过程中,蒸发端内液态工质沸腾汽化,真空腔厚度增加,吸液芯上部工质量减少,出现局部烧干现象,实际的相变传热面积减少,蒸发端热阻增加。当工质量较多时,吸液芯内充满液态工质,有效减缓了局部烧干现象。不同的工质量下冷凝端温差有很大的区别:较少工质量时,输入功率和真空腔厚度对冷凝端温差的影响很小;较多工质量时,冷凝端温差随着真空腔厚度的减少而增大。因此,合理地布置热管的结构,选取适量的工质量提高热管的传热效率仍是以后研究的重点。

基于扁平烧结式热管的电池散热系统结构示意图如图 7-8 所示,通过搭建实验平台,研究热量在电池中的传递与分布。四根铜制热管均匀分布在相邻两电池表面,其蒸发端通过导热硅胶(ZC-801)与电池黏结,用来降低它们之间的接触热阻。其中 $T_1 \sim T_{22}$ 为热电偶测温点,用来测量电池散热系统内不同位置的温度。

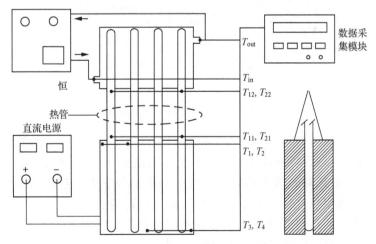

图 7-8　基于扁平烧结型热管的方形电池散热系统实验装置示意图[34]

为了增大热管与电池表面的接触面积,热管蒸发端一般加工成扁平形状,用水作为管内工作的介质。热管冷凝端采用恒温水箱进行冷却。通过实验发现,电池局部温差随热管倾斜角的减小而增大,热管垂直安装时,电池局部温差受路面坡度影响不大。即使是在变功率与周期性工况下,热管散热依然能保持电池热量分布的均匀性。此外,采用烧结式热管作为动力电池的散热系统能够适应大电流条件下动力电池组高热流密度工况下的运行,此时,电池内部热量的分布仍能保持一定的均匀性和稳定性。烧结式热管具有以上诸多优点,使得它在混合动力车电池热管理系统中发挥着越来越重要的作用[34]。

如图 7-9 所示,为方形电池不同加热功率,热管垂直放置,热管、进出水口以及环境温度随时间的变化情况。通过实验的结果可以看出,随着加热功率的不断增加,热管蒸发端和冷凝端的温度均不断上升,热管在 30℃ 左右已开始启动;左右两侧的热管温度 T_{11} 和 T_{21} 的温差也随着加热功率的增大而增高,其主要原因可能是热管加工时真空度并不绝对相同,随着加热功率增大,管内蒸汽压力差异也逐渐变大;另外,由于冷却水左进右出,加热功率越大,冷却水进出口温差也就越大,左右侧冷却能力的差异也有可能降低热管传热能力。

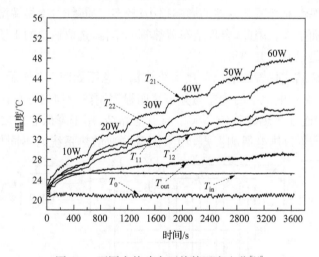

图 7-9　不同产热功率下热管温度变化[34]

通过对扁平烧结型热管的方形电池散热系统的实验,研究了热管对电池的散热与均热特性,发现针对扁平烧结型热管对电池进行散热,通过电池温升和局部温差的控制,必须同时考虑热管的有效散热能力与有效均热能力。所谓有效散热能力就是利用热管将电池最高温度控制在目标温度时的临界散热能力,而有效均热能力是利用热管将电池局部温差控制在目标温差时的临界散热能力。电池局部温差随热管倾斜角的减小而增大,当热管垂直安装时,电池局部温差受路面坡度影响不大。在变功率与周期性工况下,热管散热仍能保持电池热量分布的均匀性。如图 7-10 所示,通过实验发现,由于电动汽车行驶路况的不同,如上、下坡以及倾斜路面等,当电池组中热管固定安装时,其与水平面的倾斜角也会随之改变。当加热功率为 30W 时,热管长度方向与水平面夹角不同时电池表面局部温差发生变化。当夹角为 90°,即热管垂直放置时,电池局部温差未超过 5℃;而倾斜角降低至 45°时,热管倾斜放置,电池局部温差在 440s 处首次超过 5℃;但在之后直至 900s 内,局部温差一直围绕 5℃上下波动;当热管垂直放置时,局部温差在 424s 处再次超过 5℃并一直持续增加。热管垂直放置时,冷凝端的工质经冷却后通过重力回流和毛细芯的毛细力双重作用流回至蒸发端,随着热管倾斜角的减小,重力方向液体工质回流所遇到的阻力增加;当热管水平放置时,冷凝后的工质主要通过毛细力回流。若热管垂直安装,当热管倾斜角为 45°时,电动汽车爬坡度为 100%,而目前电动汽车的爬坡度一般小于等于 30%,且公路设计的四级公路最大坡度不超过 9%,即使是等外公路,一般也不超过 25%。因此,当热管垂直安装时,路面坡度对热管散热能力的影响很小,即由于路面坡度差异所带来的传热热阻可以忽略。

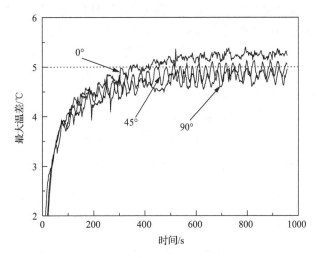

图 7-10　局部温差随热管摆放角度的变化

图 7-11 所示为不同加热功率时电池表面局部温差随时间的变化,当局部温差高于目标温差之后停止加热。随着加热功率的不断增加,当局部温差达到 5℃时,所需要的时间分别为 30s、42s、78s 和 144s。若电池产热功率超过 30W 为电动汽车的加速、爬坡或者超速工况,则各功率下对应的时间内,采用所设计的扁平烧结型热管,能有效控制电池的温升和热量均衡性。

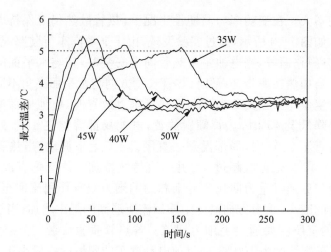

图 7-11　加热功率为 35～50W 时电池表面局部温差随时间的变化[34]

　　当热管垂直放置时,如图 7-12(a)所示,为加热功率从 30～5W 梯次递减加热时电池最高温度和局部温差的变化。电池在 30W 加热后,在之后梯次递减的各加热功率下,电池最高温度变化平缓且局部温差相对稳定。如图 7-12(b)所示,为电池在 30W 随机循环加热时的最大温度和局部温差的变化,其中 4 次加热的时间分别为 542s、458s、650s 和 600s,而连续两次加热之间的搁置时间间隔均不超过 300s。因此,在热管的有效散热、均热能力范围内,电池大电流启动之后以及循环过程中,其热量的分布更均匀、稳定。

　　根据方形电池与圆柱形电池表面结构的不同,搭建了基于扁平烧结型热管的电池散热实验平台,并研究了热管对电池的散热与均热特性,主要得出如下结论:

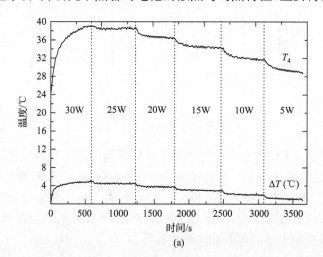

(a)

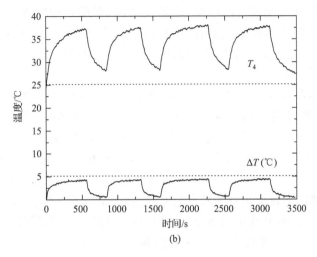

图 7-12　不同循环工况下的局部温差[34]

　　针对扁平烧结型热管对电池进行散热,电池温升和局部温差的控制,必须同时考虑热管的有效散热能力与有效均热能力;电池局部温差随热管倾斜角的减小而增大,热管垂直安装时,电池局部温差受路面坡度影响很小;在变功率与周期性工况下,热管散热仍能保持电池热量分布的均匀性。

7.7.3　环路热管

　　环路热管是一种高效的相变传热装置。环路热管是 20 世纪 80 年代由苏联科学家 Maydanik 提出[289]。环路热管通常由蒸发器、冷凝器、储液室、蒸汽管线和液体管线组成一个回路系统,具体结构如图 7-13 所示[290]。其中蒸发器是环路热管中非常重要的组成部分,一般由毛细芯、蒸汽槽道、进液管、管壳和储液器

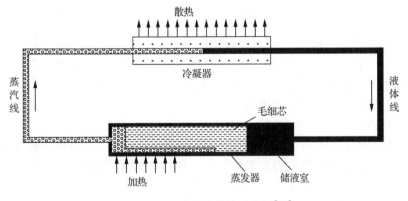

图 7-13　环路热管结构示意图[290]

组成。环路热管具有反重力性能好、传热能力强、在设备中布置方便等优点,同时环路热管的蒸汽线和液体线的管路相互分离,还具有蒸发器和补偿器一体的结构特点,这就决定了其汽液所携带的阻力比较小、多方位长距离的传输热量、启动的速度比较灵活[291]。

目前环路热管蒸发器通常有两种结构形式,一种是圆柱型,另一种是平板型。图 7-14 为平板型和圆柱型蒸发器环路热管。圆柱型环路热管的结构优点是,当热源与热管蒸发部位充分接触时,蒸发部受热均匀;另外,过冷液体与毛细芯的接触面较大,毛细芯能够得到充分的润湿。与相同大小的传统圆柱型环路热管相比,平板型环路热管与设备的发热器件接触面积更大,这样就使得毛细芯受热更加均匀,环路热管的传热能力就能更好地发挥出来;平板型蒸发器的温度梯度和工质流动的速度梯度夹角较小,从场协同角度看,平板型环路热管比传统圆柱型环路热管更有优势,尤其在高热流密度电子器件散热领域,平板型环路热管有着更大的潜力[292]。但是,环路型热管同样存在着几种工作限制[293],分别为毛细限制、启动限制、液体过冷限制以及储液室体积限制,制约着环路型热管的发展。

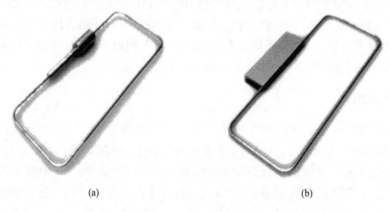

(a) 　　　　　　　　　　　　　　　　(b)

图 7-14　平板型蒸发器环路热管(a)和圆柱型蒸发器环路热管(b)[290]

随着社会的快速发展,人们对于微型化电子科技要求越来越高,同时为了能够更好地了解热量在微小型空间内进行的高效传递,对于微型化的研究是当今发展的必然趋势之一。图 7-15 为微小平板型环路热管内部结构图[290]。它不仅能够保证很好的导热性和保持温度的均匀性,而且在很大程度上减小了热管本身的体积和质量,使热管能够更好地应用于小型集成电子设备的散热系统中[290]。

环路热管的工作原理为:由于受到外界的热负荷作用,蒸发器内部蒸汽槽道内的工质在毛细芯表面受热从而变成蒸汽进入蒸汽管线,蒸汽由于受到管壁和冷凝器的冷凝作用变成液态的工质,从而释放出潜热,液态工质再经过液线回流到储液室,有效地补充了蒸发器内由于受热蒸发消耗的液态工质;液态工质的流动在毛细芯外表面形成类似弯月面,从而形成了毛细力,储液室中的工质受到毛细力的作用

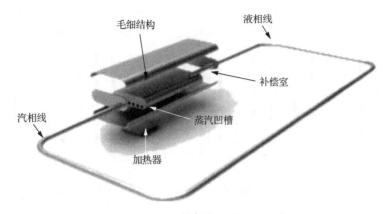

图 7-15　微小平板型环路热管内部结构图[290]

被吸入毛细芯中;液态工质再次受到外界热负荷变成蒸汽进入汽线,通过以上的循环过程,系统不断地将热量从热源传送到冷凝器中,再散发到热沉[290]。

国内对基于环路热管的电池散热系统进行过研究,对于平板型环路热管可以夹在两个电池中间,而对于圆柱型环路热管可以放置在几个电池中间。一般情况下是将环路热管的蒸发器贴在电池板上的热源部位,环路热管蒸发器与电池板之间涂有高导热系数的导热物质(如硅胶等),以尽量降低电池与热管之间的接触热阻。当热负荷足够大时,环路热管开始运行,环路热管不断地将电池产生的热量从加热端带到冷却端,然后散发到热沉。Park 等[264]设计了一种优化的环路型热管,用来冷却军用飞机上面的锂离子电池。他们采用有限差分法,对环路热管的传热特性进行了详细分析,但主要目的是分析环路热管的散热能力并指导环路热管的设计与优化。通过实验结果发现,环路型热管不仅能够在变化的热负荷情况下很好地工作,把电池的温度保持在 10℃左右,而且通过优化设计的结果发现,在相同的热力条件下,Park 所用热管的数量比 Adoni 所设计的数量要减少 12%,所达到的效果也比较理想。

7.7.4　脉动热管

脉动热管(pulsating heat pipe,PHP)又称为振荡热管,其结构如图 7-16 所示。可分闭合回路型和开放回路型。闭合回路型管束两端相接通形成一个回路,开放回路型热管则是单向流动不能形成回路。在闭合回路型脉动热管的管路中加一个或几个单向阀,就构成了一个带单向阀闭合回路结构的派生种类,单向阀用来控制热管内部介质的单向流动。脉动热管的外形通常为蛇形,在蛇形的管道中充有一定量的工作介质,脉动热管的两端分别为加热端和冷却端弯头,处于中间部分的则为绝热段[294]。

脉动热管的工作原理为:液态工质在一个由金属毛细管构成的蛇形密闭真空

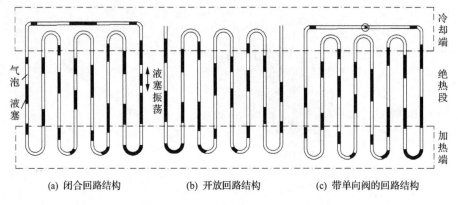

图 7-16 脉动热管基本结构[294]

空间中,在一个低于常压的蒸发温度环境下受热蒸发从而产生气泡,气泡在毛细管内迅速膨胀和升压,在热管的一端形成了蒸发端,推动工质流向温度比较低的冷凝端,气泡在冷凝端由于温度的降低冷凝收缩并破裂,压力下降,工质回流。另外,由于受热蒸发产生的蒸汽和冷凝产生的液体在毛细管力和弯曲力的作用下,在脉动热管的整个管内将形成气塞和液塞间隔随机分布的振荡状态。由于冷却端和加热端存在着压差以及相邻毛细管之间存在着压力的不平衡,工质以不同的状态在加热端和冷却端之间振荡流动,从而实现热量在脉动热管中传递。

与传统热管相比,脉动热管具有如下优点[294]。

(1)脉动热管的体积比较小、结构相对简单、成本相对于其他热管来说比较低;由于脉动热管不需要吸液芯,热管本身的结构相对简单化,同时也降低了生产成本;脉动热管内部的振荡动力完全来自脉动热管本身,在整个工作过程中,不需要消耗外部机械功和电功,完全是在热驱动的作用下完成自我振荡过程,热管的运行相对简单。

(2)脉动热管传热性能比较好,不仅能够通过相变传热,而且还可以通过气液振荡传递显热并将热量转化为振荡需要的功。

(3)脉动热管的适应性比较好,其形状可以任意弯曲,常见的脉动热管为蛇形,热管的两端可以设置多个加热端和冷却端,其中热管的加热和冷却部位可以任意选取,不论任意倾斜角度和加热方式下脉动热管都可以正常的工作,这就大大提高了脉动热管的适应性,从而决定了脉动热管在很多领域能够进行运用。

通过对基于脉动热管电池散热系统的实验研究,搭建实验平台并研究脉动热管摆放位置以及电池电极朝向不同时,电池在不同产热功率下的传热特性。图 7-17 为脉动热管电池散热系统示意图,其中 $T_1 \sim T_{17}$ 为热电偶测温点,脉动热管在电池组中放置时,其摆放角度会随着电动汽车实际运行时的复杂工况(如上坡等)而发生改变。脉动热管的启动温度由电池散热的目标温度与目标温差决定。

要满足电池降温与热量分布均衡性的要求,脉动热管的启动温度必须低于目标温度,且不高于电池局部温差达到目标温差时所对应的电池最高温度。与常规散热系统相比,脉动热管电池散热系统由于能够更加自由地选择放置方式,具有更好的适应性,特别是在汽车行驶坡度较大以及其他路面地形条件复杂的情况仍能够保持较高的散热效率[34]。

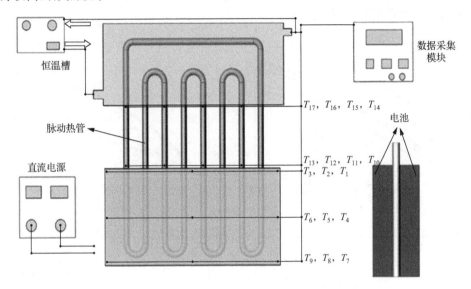

图 7-17　脉动热管电池散热系统示意图[34]

采用脉动热管对方形电池进行散热,脉动热管垂直放置,电池电极朝下(底置)时,电池表面以及热管各测温点温度变化如图 7-18 所示。放电(加热)时间为800s,产热功率从20W增加至35W,放电结束时,对应的电池表面最高温度分别为54.85℃、62.90℃、69.44℃和76.37℃,相比于自然冷却下的 63.35℃、71.96℃、82.50℃和90.17℃,最高温度分别降低了 8.50℃、9.06℃、13.06℃和13.80℃。各功率下,最高温度达到目标温度 50℃时所用的时间分别是 584s、400s、326s和258s,均比自然冷却时最高温度达到目标温度的用时短。产热功率为 20W 时,继续加热并记录各点温度变化,加热至 700s 左右时,T_{11} 点温度开始出现轻微振荡,说明由于电池表面局部温度达到管内工质蒸发温度,脉动热管内部开始局部起振;1000s 之后,脉动热管蒸端和冷凝端各点测得的温度均出现明显振荡;产热功率为25W 时,明显振荡出现在 800s 左右。产热功率为 30W 和 35W 时,在相应的 400s和 300s 之后,脉动热管蒸端和冷凝端各点温度的波动更大,说明此时管内振荡更为剧烈。不难看出,由于脉动热管的启动温度接近目标温度,脉动热管启动时间均比电池表面最高温度达到目标温度所需的时间晚,在 800s 的产热时间内,产热功率为 20W 和 25W 时,脉动热管基本没有启动,此时热管的传热主要通过显热的方式进行,通过铜管自身的导热能力对电池进行散热;产热功率为 30W 和 35W 时,在电池最高温度超过目标温度后,脉动热管先后启动,热管启动前的传热主要通过显热进行,热管启动的传热主要通过潜热的方式进行,通过管内工质的相变将大部分热量从电池传至冷却水中。因此,在基于脉动热管的动力电池散热系统设计中,要保证在最大许可放电电流放电结束时电池最高温度不超过目标温度,则脉动热管的启动温度必须低于目标温度。

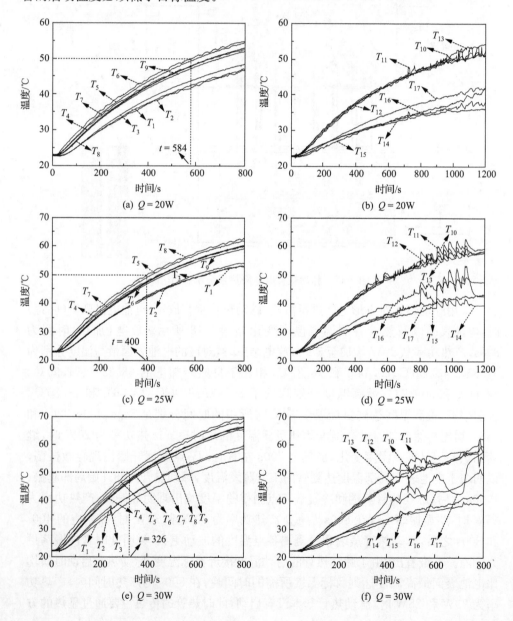

(a) $Q = 20\text{W}$

(b) $Q = 20\text{W}$

(c) $Q = 25\text{W}$

(d) $Q = 25\text{W}$

(e) $Q = 30\text{W}$

(f) $Q = 30\text{W}$

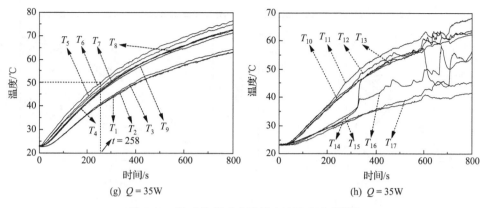

(g) $Q = 35W$ 　　　　　　　　(h) $Q = 35W$

图 7-18　脉动热管垂直放置电池温度变化[295]

脉动热管在电池组中放置时,其摆放角度会随着电动汽车实际运行时的复杂工况
(如上坡等)而发生改变。由于脉动热管适应性好,冷凝端可通过与整车结合,并通
过顶部迎风(垂直放置)或侧面迎风的方式(水平或倾斜放置)进行散热。保持电池
电极朝下不变,脉动热管水平放置时,产热功率从 20W 变化至 35W,电池表面以
及热管各部分的温度变化如图 7-19 所示。

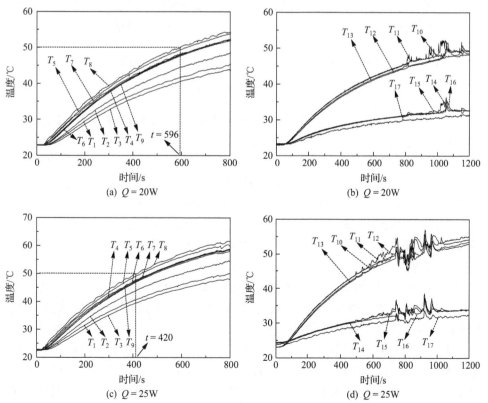

(a) $Q = 20W$ 　　　　　　　　(b) $Q = 20W$

(c) $Q = 25W$ 　　　　　　　　(d) $Q = 25W$

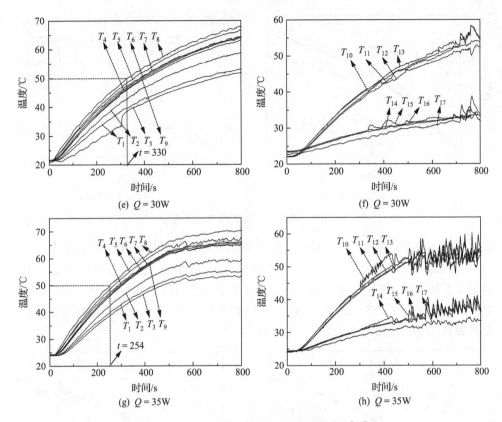

图 7-19　脉动热管水平放置电池温度变化[295]

产热功率分别为 20W、25W 和 30W 时,随着加热时间的增加,电池表面温度逐渐上升,至 800s 时各功率下对应的电池表面最高温度分别为 54.21℃、61.50℃和 67.89℃,与热管垂直放置时相比,最高温度分别相差 0.64℃、1.40℃ 和 1.55℃。根据相应功率下热管各部分温度的变化情况,可以看出,产热功率小于 30W 时,加热至 800s 左右,脉动热管处于未起振或局部起振状态;产热功率大于 30W 时,各功率下对应的 800s 处的最高温度分别为 70.36℃、74.93℃和 79.25℃,且脉动热管完全启动。此时,从电池表面温度的变化可以看出,加热功率分别为 35W、40W 和 45W 时,对应的加热时间在 550~800s、500~800s 和 550~800s 范围内,电池的温度增加变得平缓,整体趋势趋于稳定,且局部温差增加的趋势不明显。若要保证电池表面最高温度不超过 50℃,则通过调整脉动热管启动温度,将稳定区的温度控制在目标温度内即可。

产热功率从 20W 增加至 45W,脉动热管垂直放置时电池表面的局部温差变化如图 7-20 所示。在前 200s 内,脉动热管均未完全启动,此时热管的传热主要通过显热的形式进行,电池局部温差达到 5℃时,各产热功率下所对应的时间分别是

148s、110s、72s、58s、56s 和 32s。与空气自然对流冷却相比,采用脉动热管散热时,各产热功率下电池局部温差达到目标温差的时间延长 30s 左右,与 800s 或 600s 的放电时间相比,明显较短。因此,从热量分布的均衡性出发,在设计电池散热系统时,要保证放电结束时电池表面的局部温差不超过目标温差,则脉动热管必须在电池表面局部温差达到目标温差之前启动。

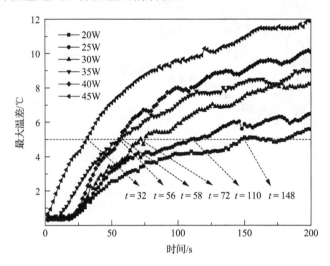

图 7-20　脉动热管垂直放置电池表面的局部温差变化[295]

　　电池电极朝上,脉动热管分别垂直与水平放置时,不同产热功率下电池表面的局部温差如图 7-21 所示。脉动热管垂直放置时,20～45W 功率下对应的电池表面局部温差达到 5℃ 的时间分别是 1572s、748s、572s、118s、82s 和 68s;而脉动热管水平放置时,20～45W 功率下对应的电池表面局部温差达到 5℃ 的时间分别是1158s、710s、560s、110s、108s 和 72s。产热功率为 20W 时,脉动热管水平放置与垂直放置时相比,对应的电池表面局部温差达到 5℃ 的时间明显要早;25W 时,900～1200s 范围内,热管垂直放置时,电池表面局部温差缓慢振荡上升,而热管水平放置时,电池表面局部温差上升趋势明显;其他功率下,脉动热管水平放置时电池表面局部温差略高。其主要原因是,脉动热管水平放置时,尤其在热管局部起振期间,工质回流阻力较大,导致电池局部温差略有增大。

　　从以上基于脉动热管的电池散热系统的实验可以得出以下的结论。

　　(1) 要保证在最大许可放电电流放电结束时,电池最高温度不超过目标温度,则脉动热管的启动温度必须低于目标温度。

　　(2) 在设计电池散热系统时,要保证放电结束时电池表面的局部温差不超过目标温差,则脉动热管必须在电池表面局部温差达到目标温差之前启动。

　　(3) 当脉动热管水平放置时,在热管局部起振期间工质回流阻力比较大,会出现局部烧干现象,导致电池表面局部温差略有增大,脉动热管垂直放置时可以避免这种现象。

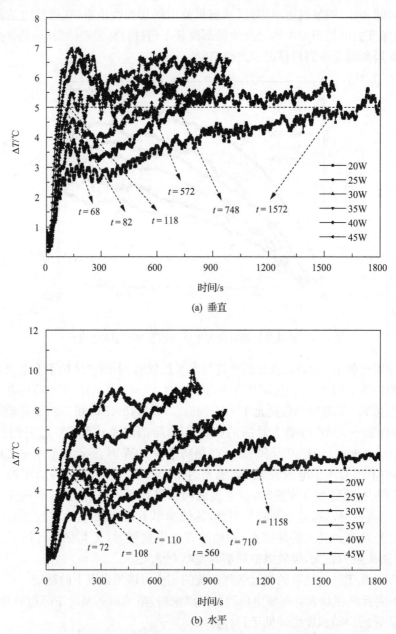

(a) 垂直

(b) 水平

图 7-21 电池电极朝上时电池表面局部温差变化[295]

国外的研究人员也对脉动热管有深入的研究,Swanepoel[267]设计了一种脉动热管,并把这种脉动热管应用到一种铅酸电池(optima spirocell,12 V,65A·h)的热管理和混合动力汽车的控制部件之中,而且分析了脉动热管不同管壁材料、管内介质的传热性能,图 7-22 为铝式闭环脉动热管及其应用布置图。图 7-23 为带有脉动热管的混合动力汽车散热原理图,所用铅酸电池组置于车厢尾部,并结合车行驶过程中的流动空气进行强化散热,主要是为了研究脉动热管应用于混合动力汽车的可行性。通过数值模拟和实验的验证,只有脉动热管的直径小于 2.5mm 时,脉动热管内的工作介质才能使用氨气,而且脉动热管的结构只有通过合理的设计才能应用到电池的热管理之中。

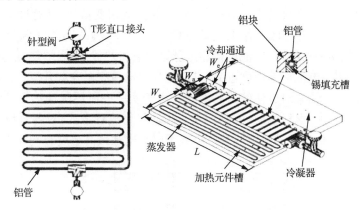

图 7-22　铝式闭环脉动热管及其应用布置图[267]

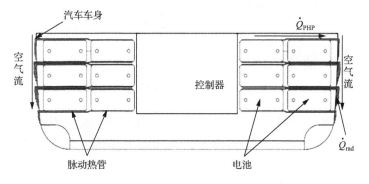

图 7-23　带有脉动热管的混合动力汽车散热原理图[267]

7.8　相变材料与热管耦合散热

烧结型热管蒸发端与方形电池的接触面积随着热管压扁厚度的增加而增加,但热管压扁厚度的增加会增大传热热阻;此外,某根热管的失效,会增加电池热量分布的不均衡性。脉动热管结构上的连续性为减小不同单体热管性能差异而导致的热量分布不均提供了可能,并且脉动热管还具有体积小、结构简单(无需毛细芯)、成本低、适应性好(形状可任意弯曲)以及传热性好的优点。脉动热管可以在任意倾斜角度和加热方式下工作,进一步增大了电池组与电动汽车以及其他动力设备的匹配能力。针对脉动热管的国内外研究现状,包括实验研究与数值模拟,文献[296]进行了比较全面的综述。图 7-24[34]为相变材料与脉动热管耦合的电池散热系统,本散热系统已经在第 5 章给出,脉动热管夹在两电池之间,将相变材料(PCM)填充至两电池与热管之间的空间中,研究电池电极的改变对系统散热的影响。由于 PCM/OHP 散热系统中既有 PCM 的固液相变蓄热,又有脉动热管管内工质的液汽相变传热,因此,各工况下,PCM/OHP 散热系统的降温效果均为最好。电池产热功率相同时,电池电极靠近脉动热管绝热段,高温端热量迅速通过脉动热管导出,避免电池局部温度过高,进而延长电池最高温度上升至目标温度的时间,同时降低放电结束时电池的最高温度。由于实验中所用脉动热管的性能在电池尺度内波动不大,电极朝向相同时,改变脉动热管放置方式,对各系统中电池最高温度上升至目标温度的时间以及放电终了时刻电池最高温度影响均不明显[34]。

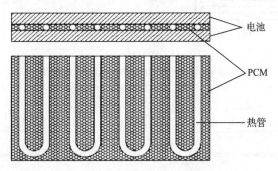

电池

PCM

热管

图 7-24　相变材料脉动热管耦合的电池散热系统[34]

另外,PCM 作为蓄热介质,要加快热量向外界的传递过程,除从提高材料自身导热系数出发之外,也可通过结构上置入内插物的形式强化传热。Akhilesh 等[182]、Shatikian 等[183]、Wang 等[184,185]分别研究了 PCM 内置铝制翅片时用于电子设备散热的热沉的传热性能。与微电子器件/设备相比,电池的热流密度小但体积大,而采用热沉无法满足电动汽车空间紧凑性和安装灵活性的要求。将 PCM 的高潜热与热管的高导热性能结合起来,有望既满足无电池功耗情况下的散热,又能进一步增大电池组内各电池单体、电池模块之间的紧凑性。Bogdan 等[297]建立了重力型热管与 PCM 耦合的储能系统数学模型,主要分析 PCM 固液相变过程的界面变化。Riffat 等[298]的实验中,烧结型热管横置用于热电制冷系统的散热,与传统热沉相比,制冷系数(coefficient of performance)明显提高。Nithyanandam 和

Pitchumani[299]采用热阻网络模型(thermal resistance network model)分析了热管管径、蒸发端和冷凝端长度等参数对 PCM 储能效率的影响;Shabgard 等[300]也建立了两种热网格模型并将相应的分析延伸至高温领域,即 PCM 用于太阳能热发电系统。Robak 等[301]通过实验对比了热管和翅片管对 PCM 熔化速率的影响并发现前者明显好于后者。Weng 等[302]针对电子器件的冷却,对比分析了烧结热管/PCM(二十三烷)与传统热管的传热,发现加入 PCM 后能降低 46% 的风扇功耗,他们的实验中将 PCM 包裹在热管的绝热段。如上所述,PCM/热管耦合传热系统性能明显优于只采用 PCM 或热管的储能或散热系统。

第8章 其他电池散热方式

8.1 概 述

本书前几章分别介绍了几种目前投入研究或使用的电池散热方式,随着电池组功率的增加、极端恶劣工程的出现以及对节能减排要求的进一步提高,开发新的电池散热技术,将多种散热方式有机地耦合在一起,或合理地将现有的制冷与空调技术应用于电池热管理是必然的趋势。在风冷式电池散热方面,冷却气体温度的高低对整个散热性能好坏有直接的影响,两者满足线性下降关系,在气温比较低时,空气冷却一般能满足要求;当气温极高时,可以运用车载空调器将电池组入口气温降下来,进而提高冷却效率;同时,车用空调系统对电池能量消耗较大,提高换热器效率直接制约整车性能提高。在日照强烈的地区,气温势必较高,太阳能光电制冷在理论上能减少车用空调系统对电池能量的消耗,达到节能减排的目的,随着太阳能光热制冷设备的小型化,光热制冷机也能用于电池热管理中。热电冷却在电池单体冷却上容易实现,在电池组的冷却上与相变材料的耦合具有得天独厚的优势,研究和设计运用热电冷却原理进行电池热管理的设备将具有重大意义。荷兰学者 van Gils 创新性地提出直接用液体沸腾对单体电池进行冷却的方法,并且进行了相关实验,对比研究该方法对最高温度和温度均匀性的控制能力,结果表明,使用 Novec7000 作为沸腾介质时,冷却能力远超过空气,即使用来冷却电池组也能保证其热稳定性,并且对工质的沸腾进行控制也比较容易。

8.2 微通道换热器空调冷却

汽车空调换热器的发展经历了管片式、管带式和平行流等主要结构形式,基本结构如图 8-1所示。管片式换热器由圆管和各种形式的翅片组成,采用套片工艺,将翅片安装在圆管上,容易受热胀影响,降低换热效率,缩短使用寿命。管带式换热器由多通道扁管和百叶窗翅片焊接而成,制冷剂侧换热效果明显增强,但流动阻力损失增大,空气侧换热系数提高了,而压降减少了,从结构和工艺看,工艺简单,可靠性提高,焊接工艺比较复杂,难度增大;从材料来看,扁管和翅片采用铝材,质量轻,成本低。平行流换热器由多孔扁管和百叶窗翅片组成,但扁管不是弯成蛇形,而是每根截断的,其出现是为了采用新型替代制冷剂,平行流换热器换热性能得到了进一步提高,并具有换热系数高、质量轻、结构紧凑、制冷剂充注量少等优点[303]。

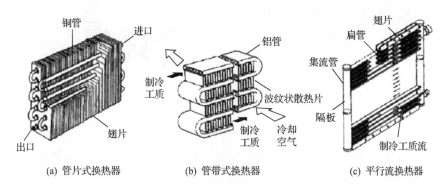

图 8-1　各种空调换热器[303]

微通道换热器(MCHX)的概念于 1981 年由 Tuckerman 和 Pease 首次提出,由于其水力直径小于 1mm,Mehendale 将其定义为微通道换热器[305]。微通道换热器能够减轻装备质量,提高系统紧凑性,能满足电动汽车小型化的要求。在材料上,微通道换热器可以用价格便宜的铝合金替换铜,节约成本,同时换热效率得到了很大提升,这主要体现在传热系数高、换热面积大、换热温差小三方面。与最高效的常规换热器相比,当流道尺寸小于 3mm 时,气液两相流动与相变传热规律将不同于常规较大尺寸,通道越小,这种尺寸效应越明显;当管内径 0.5~1mm 时,对流换热系数可增大 50%~100%。这种强化传热技术用于空调换热器,适当改变换热器结构、工艺及空气侧的强化传热措施,预计可有效增强空调换热器的传热,提高其节能水平,空调器的微通道换热效率可望提高 20%~30%[306]。微通道换热器在电子设备冷却方面的应用得到了广泛的研究,随着技术发展,逐渐用于室内和汽车空调系统。传统微通道换热器主要由 3 部分组成(即内部具有多个平行微孔的扁管、集流管以及翅片),如图 8-2(a)所示。图 8-2(b)[304]是一种整体翅片式微通道换热器实物图。整体翅片式微通道换热器由全铝合金板块加工组合而成,微通道由模具挤压成,翅片由机械切割成形。微通道与翅片一体成型,从根本上消除了接触热阻,显著地提高了散热器的传热性能,不会出现焊接带来的松动脱落及热接触不良等问题。

表 8-1 为相同功率和能效,制冷剂为 R22 的微通道换热器与铜管铝翅片换热器的比较。由表可见,使用微通道换热器可节省约 40% 的空间,质量减少约 36.7%,系统的制冷剂充注量为铜管铝翅片机组的 48.3%,达到相同的换热效果所需的风量较小,可使用较小叶轮直径的风扇,进一步节省安装空间。表 8-2 为微

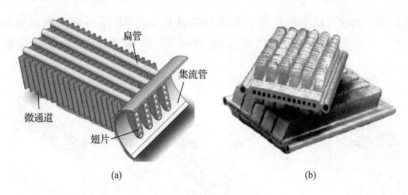

图 8-2　两种微通道换热器[304]

通道与常规换热器热力特征比较,可见相对于管片换热器和层叠式换热器,微通道换热器不仅能极大降低投资金额,而且能极大增强换热能力。

表 8-1　微通道换热器与铜管铝翅片换热器的比较[307]

换热器	尺寸/mm	净质量/kg	制冷剂充注量/kg	风量/(m³·h⁻¹)	风扇叶轮直径/mm	迎风面积/m²
铜管铝翅片换热器	2050×775×21.65	14.48	3.29	5605	560	1.588
微通道换热器	1350×720×18	9.16	1.59	3652	445	0.972

表 8-2　微通道与常规换热器热力特征比较[306]

参数	管片式	层叠式	微通道
单位体积表面积/(m²·m⁻³)	50~100	850~1500	>1500
体积换热系数/(W·m⁻³·K⁻¹)(液体工质)	~5000	3000~7000	>7000
体积换热系数/(W·m⁻³·K⁻¹)(气体工质)	20~100	50~300	300~2000
流动方式	湍流	湍流	层流
热流量/(W·cm⁻³)	<1	—	>10
相对长度	20	—	1
等效率下的尺寸	10	—	1
投资	—	—	减少约25%

微通道汽车空调方便与基于各种原理冷却的电池热管理系统进行结合,强化电池热管理系统散热性能,同时,微通道汽车空调结构紧凑,能满足电动车辆小型化、轻型化的需求,具有较大的利用前景。

8.3　热　电　制　冷

随着电动汽车技术的发展,部分顾客对电动汽车加速爬坡等动力性能的要求越来越高,高功率势必带来高的产热,在普通风冷不能满足冷却需要,液冷不能满足安全性需要,相变材料冷却不能满足长时间热管理的情况下,合理地利用热电制冷对电池组进行热管理无疑是一种很理想的解决方法。

热电制冷,又称半导体制冷,主要是建立在帕尔贴效应基础上的一种电制冷方法。它的优点是体积小,无噪声无振动,结构紧凑,无运动部件,操作维护方便,不需要制冷剂,制冷量和制冷速度可通过改变电流大小来调节[308]。其工作原理如图 8-3 所示,当电流从 p 型半导体材料流向 n 型半导体材料时,p 型半导体中的载流子(空穴)和 n 型半导体中的载流子(自由电子)向接头处相向移动。自由电子进入 p 型半导体后立即与其中的空穴复合产生热量,空穴进入 n 型半导体后立即与其中的自由电子复合产生热量,由于这两部分能量大大超过它们为了克服接触电势差所吸收的能量,抵消后还是呈现放热状态,最终结果是接头处温度升高而成为热端,并向外界放热;当电流方向相反时,接头处温度降低而成为冷端,并向外界吸热[309]。与此同时,当连接端点出现温度差后,会产生一个塞贝克电压,电流通过有温度梯度的热电元件,由于汤姆孙热效应,会在元件与环境之间产生能量交换,该热效应与电流和温度梯度的大小成比例[310]。如果按照图 8-4 把若干对半导体热电偶在电路上串联起来,而在传热方面则是并联的,这就构成了一个常见的制冷热电堆[311]。

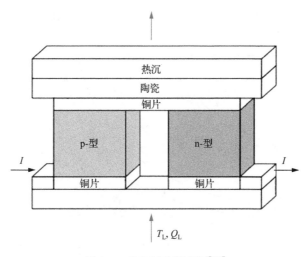

图 8-3　热电制冷原理图[312]

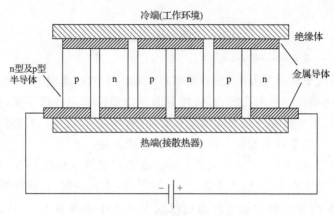

图 8-4　热电堆制冷原理图[311]

　　热电制冷器的制冷能力是由材料的无量纲优值系数 ZT 决定的,其表达式如式 (8-1)所示,其中 Z 是量纲为 $1/K$ 的优值系数。具有狭窄通道的半导体材料的功率 因子 $\alpha^2\sigma T$ 是载流子浓度的函数,通常经过优化功率因子来获得最大的 ZT 值。忽略 能降低设备性能但不可避免的因素(如接触电阻、辐射)的影响,对于具有两种半导体 材料的热电制冷单元,其优值系数 ZT 的计算方法如式(8-2)所示。制冷系数 COP 为 吸收的热量与耗费的电能的比值,计算方法如式(8-3)所示[313,314]。图 8-5 与式(8-3) 相关,反映了热端温度为固定值 300K 时,热电制冷单元的制冷系数 COP 与 ZT 和冷 端温度的关系[315]。

$$ZT = \frac{\alpha^2\sigma T}{\kappa} = \frac{\alpha^2 T}{\rho\kappa} \tag{8-1}$$

式中,α 是材料的塞贝克系数;σ 是材料的电导率;ρ 是材料的电阻率;κ 是材料的 导热系数。

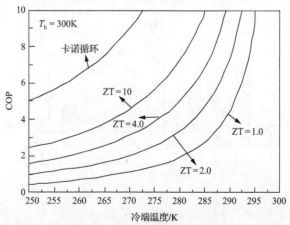

图 8-5　热电制冷单元 COP 与冷端温度和 ZT 的关系[315]

$$ZT = \frac{(\alpha_p - \alpha_n)^2 T}{\rho_n \kappa_n^{1/2} + \rho_p \kappa_p^{1/2}} \qquad (8\text{-}2)$$

$$COP = \frac{Q_H}{W} = \frac{T_C}{T_H - T_C} \left[\frac{(1 + ZT_M)^{\frac{1}{2}} + 1}{(1 + ZT_M)^{\frac{1}{2}} - \left(\frac{T_H}{T_C}\right)} \right]^{-1} \qquad (8\text{-}3)$$

其中，T_H 是热端温度；T_C 是冷端温度；ZT_M 是冷热端平均温度下材料的优值系数。

热电制冷受到低 COP 制约，应用范围比较窄，但是随着技术的发展，越来越多的应用场合将出现。目前热电冷却技术主要用在民用市场，如家用冰箱、饮料冷却等；医学设备，用于冷却激光二极管或集成芯片；高功率电子器件冷却和工业温度控制；汽车工业，如汽车迷你冰箱、汽车空调以及汽车座椅冷却/加热等[315]。

目前市场上有许多商品化的热电制冷器，图 8-6 介绍了两种单机热电制冷器，分别是圆形和弧形的热电制冷片，其形状可以根据实际需要进行变化。图 8-7[316] 是环形热电冷却器在航天电子器件冷却上的一种应用。图中有 7 块热电制冷板组成了封闭环状结构，内侧的冷环是冷端部分，用于吸收电子器件产热的热量，热侧通入空气进行强制对流冷散热，维持热电冷却器冷热两端合适的温差，对于圆柱形单体电池的冷却，这种结构可以进行借鉴。当热电制冷器热端的散热系统不能够有效地带走产生的热量时容易发生热失控，因此散热设计是影响热电制冷技术的主要因素之一。热电制冷器通常与风冷、液冷、热管冷却或相变材料冷却中的一种或多种方式结合在一起，用于提高冷却效率。对于大型圆柱形或方形电池组，热电制冷器进行合理的结构设计后可以与其他冷却方式进行耦合，直接作为热管理冷却部件中的一部分；热电制冷技术还能很好地与太阳能光电技术和汽车空调技术完美地结合起来，通过空调制冷系统为电池冷却系统提供冷却空气，间接地参与电池热管理。图 8-8 是太阳能热电制冷系统控制原理图。太阳能热电制冷系统是通过在汽车车身上安装太阳能光伏电池板，利用照射到电池板上的太阳能由光伏效

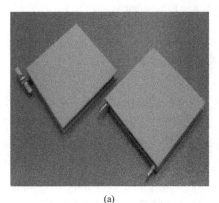
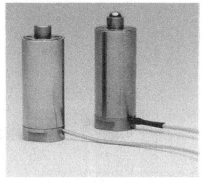

(a)　　　　　　　　　　　　　　　　　　(b)

图 8-6　单级热电制冷器

应产生电能,通过充电电线输送到车内的蓄电池中,蓄电池提供稳定的直流电能输送出去,为轿车箱内的热电制冷空调器提供能源[317]。目前,热电制冷技术在电池热管理上的应用还有待开发,随着热电制冷技术的进一步成熟,相信电池热管理技术与热电冷却技术会有完美结合的时刻。

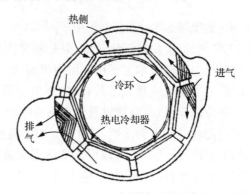

图 8-7　环形热电冷却器在航天上的应用[316]

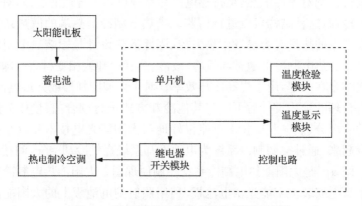

图 8-8　太阳能热电制冷系统控制原理图[9]

8.4　沸腾冷却

沸腾指在液体内部产生气泡进行汽化的过程,是取出热量十分有效的方法,它传热速率高,并且需要的传热温差小[318]。沸腾冷却在高功率电子元器件的热管理上得到应用,在内燃机冷却上也得到很好的应用。沸腾传热电池热管理方法有望解决波音 787 飞机上辅助动力舱的锂离子蓄电池模块的热失控问题。池沸腾是用在沸腾传热器件上的主要物理机制,并且将沸腾控制在设定的沸腾区间是非常重要的。由于波动和不确定的传热负荷,控制沸腾的区间是相当有挑战性的,因此在电池热管理中,沸腾的过程必须进行实时调节。沸腾受流体和产热体的结合方式、表面粗糙度、系统压力等因数的影响,沸腾传热分为池沸腾和管内沸腾,随着换热功率和温差的增大,池沸腾又分为自然对流区、核态沸腾区、过渡沸腾区,膜态沸腾区四个区间[105],图 8-9 是典型的池沸腾表面热流量与表面过热度之间的关系曲线,图中给出了四个区间大致的分布区域。

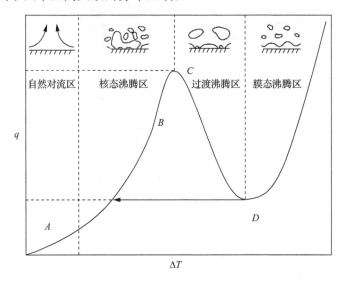

图 8-9 池沸腾时表面热流量与表面过热度之间的关系曲线

沸腾冷却在单体电池热管理上的应用还处于初步试验阶段,研究的人极少。荷兰 van Gils 等[319]用实验方法研究了池沸腾对电动汽车电池热性能控制的能力,沸腾工质选择的是具有非导电性的 Novec7000(化学成分是纯度为 99.5% 的 $C_3F_7OCH_3$,1-甲基 7 氟代丙烷,标况下沸点为 34℃)。

他们的实验分为如下四个部分:沸腾工质的选择,冷却能力测试,均温能力测试,沸腾过程的控制。他们的实验模型示意图如图 8-10(a)和(b)所示,实物模型如图 8-10(c)所示。第一步如图 8-10(a)所示,将电池完全浸放在 1atm(1atm= $1.01325×10^5$ Pa)的工质中,工质由双壁容器盛装,两壁之间通入恒温的水,用于将沸腾工质预加热,同时用温度传感器测试电池顶部、底部和中间的温度以及环境温度和工质的温度,进行了 5C 恒流放电实验,用于测试 Novec7000 液体的降温能力,并与空气冷却进行对比,结果如图 8-11(a)所示,放电结束时,电池温升小于5℃,液体没有开始沸腾,其传热方式为自然对流。第二步如图 8-10(b)所示,活塞用于控制容器内压力大小,用温度传感器对电池顶部和底部的温度以及液体温度进行测量,首先进行了电流大小为 5A 的长时间脉动充放电实验,周期为 180s,在这种情况下电池的产热速率达到最大值,用于测试沸腾冷却的均热能力,当容器壁温为 33℃,进行沸腾冷却时,电池顶部和底部的温度大小几乎相等,如图 8-11(b)

所示,说明沸腾冷却的均热能力很强。沸腾的过程受容器内压力大小的影响,降低压力能增加沸腾的强度,这说明原则上调节压力的大小能对沸腾进行有效及时地控制,在电池产热负荷不同的状况下,需要调节合适的压力进行冷却控制。

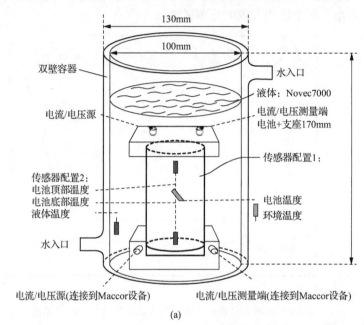

(a)

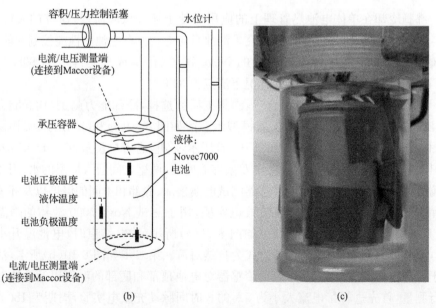

(b)　　　　　　　　　　　　　　　(c)

图 8-10　沸腾冷却模型示意图[319]

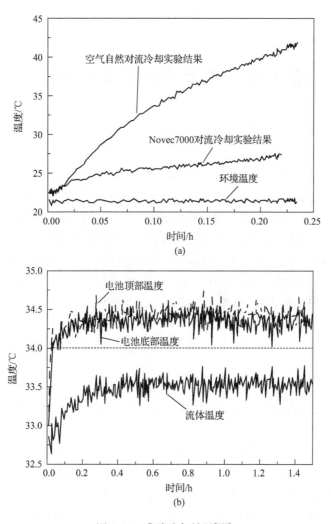

图 8-11　沸腾冷却结果[319]

　　对于电池组的液体沸腾冷却,目前国内外尚没有人进行相关研究。温度的一致性问题在大电池组上更凸显,中间某一部分过热,不仅会使整个电池组的温差逐渐增大,循环寿命大幅度下降,而且会进一步增加电池的产热量,引发热失控。沸腾冷却在控温和均热的能力上均有很大优势,并且控制方便灵活,成功地将沸腾冷却用于大电池组的热管理上具有很大的前景。

第9章　低温环境电池的加热

9.1　概　　述

在寒冷环境中(如−10℃或以下),大多数电池的能量和功率都会降低,车辆性能严重衰退,这时就需要考虑对电池进行加热,设计合理的空气加热系统,以保证其正常工作[36,101]。对于 HEV,发动机能够提供热源,但它必须经过一定的时间延迟(5min 以上)才能使电池加热到理想工作温度,故需另设相应的加热装置。对于 BEV,由于没有发动机对电池组进行加热,电机散发出来的热以及车内功率较大的电子电器产生的热均可加以利用。低温环境电池的加热方式主要有常规空气加热方式、相变材料加热方式、电加热和帕尔帖元件加热。

9.2　常规空气加热

在寒冷环境下,采用温度较高的空气与电池进行对流换热来加热电池,称为常规空气加热方式。热空气可通过电加热获取,对于 HEV,还可以通过发动机提供能量加热空气。

Zhang 等[320]在低温环境下利用热空气对电池进行加热,如图 9-1 所示。热空气由空气调节系统提供,先对驾驶室就行加热,再输送至蓄电池箱。Zhang 等通过热力学第一定律和第二定律分析发现,这种空气直接加热系统对空气调节系统的负荷较大,经济性不高。Ji 和 Wang[321]建立了如图 9-2 所示的空气对流加热系统,电流通过电阻后所产生的热量加热电阻周围空气,通过风扇将空气输送至电池周围,以空气和电池之间的对流传热来加热电池。加热电阻和风扇的电流由车载电池自身提供,因此,除了对流传热之外,由于电池内阻的存在,电池自身也会产生热量,加快电池的升温速率。图 9-3 为空气对流加热系统系统在环境温度为−20℃时采用不同加热电阻时空气和加热器温度随时间的变化曲线。从图中可以看出,随着加热电阻的增加,空气与加热器之间的温差逐渐减小,加热速率也随之降低。在加热电阻为 0.4Ω(电池放电电压为 2.66V)时,将电池加热至 20℃所需时间为 54s,此时加热器的温度达到了 50℃;而当加热器电阻分别为 0.6Ω 和 0.8Ω 时,将电池加热至 20℃所需要的时间分别为 110s 和 165s。图 9-4 为空气对流加热系统的加热效率随时间变化曲线图,可以看出:加热器的电阻越小,空气对流加热系统的加热效率越高,在加热 50s 后,加热器电阻为 0.4Ω、0.6Ω、0.8Ω 时,系统效率分别为 0.79、0.70、0.65。

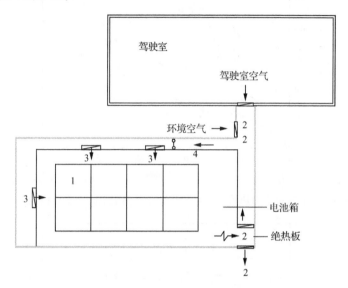

图 9-1　空气直接加热系统示意图[320]

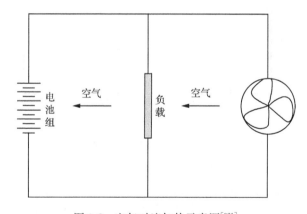

图 9-2　空气对流加热示意图[321]

王发成等[322]设计了动力电池组用电热丝空气加热箱,利用加热箱中电热丝对空气进行加热,再输送至电池箱,对电池进行加热,提高电池的温度,如图 9-5 所示。王发成等先对电热丝加热箱进行了空气加热实验,在进口空气温度为 22℃,采用 40V 直流电源提供电流,380s 后出口空气温度高达 90℃。利用红外热像仪探测加热箱内部电热丝温度,发现在空气加热实验中,1min 的时间就可以把电热丝从 22℃加热至 141℃。在这个实验基础上,王发成等将加热箱与电池串联起来,利用加热箱出口热空气对电池进行加热。为保证实验正确性,实验前电池在−15℃

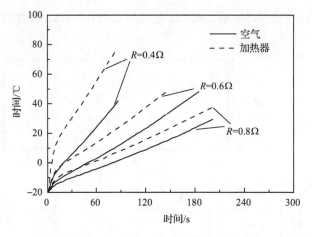

图 9-3　空气对流加热系统的空气和加热器温度随时间变化曲线[321]

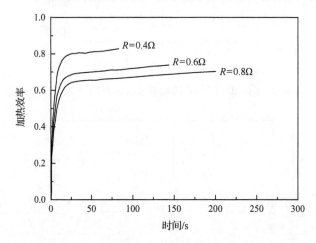

图 9-4　空气对流加热系统的加热效率随时间变化曲线[321]

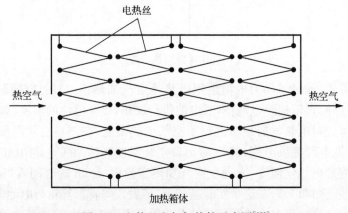

图 9-5　电热丝空气加热箱示意图[322]

的恒温箱内静置 24h。实验时,仍然采用 40V 直流电源提供电流,结果显示,经过 1500s 可以将电池从 −15℃ 加热至 0℃,上升速率大约为每 87s 上升 1℃。

9.3　相变材料加热

相变材料在相变过程中会吸收或者释放大量热量,采用相变材料把能量储存起来(相变材料从固态吸热变为液态),可以对低温环境下的电池进行加热(相变材料从液态放热变为固态)。Duan 和 Naterer[52] 通过实验研究了相变材料的熔化和凝固过程,实验结果显示,相变材料在相变过程中温度变化不大,利用这个特性能有效防止电池在低温环境下温度过低。

Zhang 等[320] 设计了一种基于相变悬浮液(phase change slurry,PCS)的循环 Li-ion 电池冷却/加热系统,如图 9-6 所示,分别利用热力学第一定律和第二定律对其进行分析,并与直接空气流动系统和制冷剂循环系统进行比较。在相变悬浮液 Li-ion 电池加热系统中,相变悬浮液在驾驶室中吸收热量,在循环回路中流动至蓄电池箱,通过相变将热量放出,加热电池组周围空气。Zhang 等所研究的电池组容量为 27.7kW·h^{-1},车辆实际运行中的总功率假设为 5kW,其中 3kW 用于汽车行驶,1.5kW 和 0.5kW 分别用于空气调节系统和辅助系统。电池组加热系统所采用的相变材料为十五烷($C_{15}H_{31}$,相变潜热为 207kJ·kg^{-1},相变温度为 9.9℃),环境温度在 0℃ 以下。热力学第一定律的分析结果显示,在热损耗为 0.2kW 而空气相对湿度为 0.4 时,相变悬浮液加热系统的热负荷与环境温度无关,保持在 0.1kW,而在热损耗增加时,相变悬浮液加热系统的热负荷线性增加,在热损耗小于 2.4kW 时,采用直接空气加热比相变悬浮液加热热负荷更低。

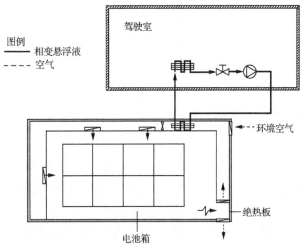

图 9-6　基于 PCS 循环 Li-ion 电池冷却/加热系统示意图[320]

9.4　电　加　热

低温下的电池内部电解液黏度增加,阻碍了电荷载体的移动,电池内部电阻增加,极端情况下电解液甚至会冻结。但是,利用电池在低温条件下电阻增加的特性可以采用电加热的方式来保持电池的工作温度。电加热是利用电流通过电阻值不为零的导体所产生的焦耳热来加热电池的一种方式。Ahmad 等[323]对电加热和空气加热进行比较,发现电加热所需能量更少,经济性更高。

根据提供电流的电源不同,可以分为内部电源加热和外部电源加热。Ji 和 Wang[321]建立了如图 9-2 和图 9-7 所示的三种内部电源加热方式。(a)利用电池内阻通过电流时所产生的热量对电池进行加热,称为电池自加热;(b)相互脉冲加热方式,将电池组分为两组 m 和 n,某一时刻 m 为放电组,对充电组 n 进行放电,在下一时刻,m 为充电组,接收 n 放出的能量进行充电,如此反复,其中 DC-DC 变换器的作用是把放电组的输出电压提升至适合充电组的充电电压;第三种方式如图 9-2 所示,为空气对流加热。结果显示,三种加热方式都有放电电压越小,加热速率越快,效率越高的规律。对于相互脉冲加热方式,提高充电组和放电阻的转换频率可以有效防止锂离子电镀。三种加热方式中,相互脉冲加热方式的效率最高,将电池从-20℃加热至 20℃仅消耗电池容量的 5%。

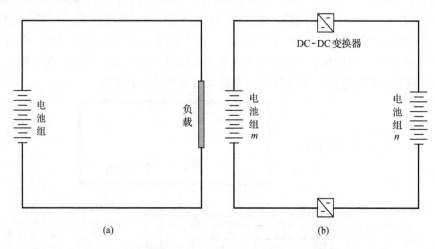

图 9-7　电池自加热(a)和相互脉冲加热(b)示意图[321]

根据电流种类分类,电池电加热可以分为直流电加热和交流电加热。电池充电过程中的大电流和低温条件下的巨大内阻使电解液过度气化,所产生的气体使电池内部压力过大,严重情况下产生爆炸,因此,直流电加热实用性较低。相对地,交流电加热能有效防止这个隐患,交流电加热分为高频交流电加热和低频交流电加热。低频交流电加热经济性高,但设备笨重,不适合普通电动车使用;高频交流电加热所需要的能量不能由电池提供,因此只能在混合动力汽车上使用,由发动机提供能量。

Hande 等[49,324,325]对额定功率为 6.5A·h 日本松下 Ni-MH 电池组进行交流电加热,交流电频率为 10～20 kHz,为保证实验开始时电池内部温度等于环境温度,电池在实验前在测试温度下静置 5h 以上。在环境温度为 −20℃,采用对流装置前电池的电阻为 1Ω,取电池组 SOC=55%,不同交流电大小情况下电池温度变化曲线如图 9-8(a)所示。当交流电为 60A 时,加热 5min 后电池组的温度上升至 10℃,此时电阻降低至 0.33Ω。随着电流大小增加,加热的速率增大,交流电为 70A 时,加热至 10℃需要 3.5min,而交流电为 80A 时,仅用 2min 就可以将电池从 −20℃加热至 10℃。当环境温度降低至 −30℃时,结果如图 9-8(b)所示,60A 的交流电将电池加热至 10℃需要 6min。电池组的 SOC 也是影响加热速率的重要因素,图 9-8(c)为不同 SOC 下电池温度变化曲线,可以看出,随着 SOC 的增加,加热速率逐渐增大,在 SOC 为 25%、55%和 75%时,6min 分别将电池从 −30℃加热至

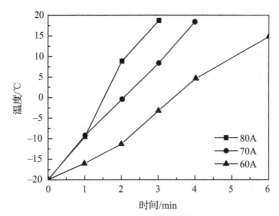

(a) 环境温度为–20℃,SOC=55%,不同交流电大小下电池温度变化

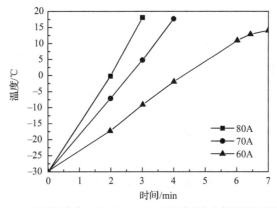

(b) 环境温度为–30℃,SOC=55%,不同交流电大小下电池温度变化

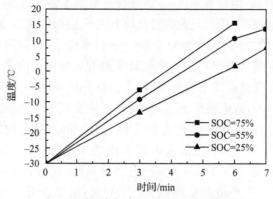

(c) 环境温度为-30℃,不同SOC下电池温度变化

图 9-8 不同条件下电池温度变化[49]

0℃、10℃、15℃。此外,在使用交流电加热后,电池的放电容量也明显提高。基于电池组电阻和内部温度的关系,Hande 还提出了通过测量电池组电池来得到电池内部温度的方法。

除此之外,张承宁等利用宽线金属膜对电池进行电加热(图 9-9),宽线金属膜由 FR-4 板材镀上铜膜和绝缘耐磨层,通过铜线电阻发热对电池进行加热,仿真结果和实验结果表明,利用宽线金属膜在 1h 内可以将电池从−40℃加热至 0℃。Cosley 和 Garcia[326] 使用交流电加热器防止铅酸电池温度过低。Lefebvre[327] 则使用 1 kW 的正温度系数加热装置对处于−5℃环境温度的纯电动汽车进行加热,在 100 s 之内就能将电池加热至10℃。

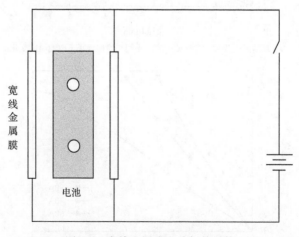

图 9-9 宽线金属膜电池加热系统

9.5　帕尔帖效应

取两种不同的导体 A、B 组成回路,如图 9-10(a)所示,通以直流电,在两种导体的连接处会产生吸热或者放热的现象,形成高温区和低温区,这就是帕尔帖效应,也称为热电第二效应。帕尔帖效应可以看成塞贝克效应(热电第一效应)的反效应,形成电流的自由电子(电荷载体)在不同导体材料中所处能级不同,当其从高能级向低能级运动时,向外界释放能量;相反,当其从低能级向高能级转移时,则需要吸收能量,即改变电流方向可以改变热量的传递方向,如图 9-10(b)所示。利用帕尔帖效应制成帕尔帖元件,可以将热量从低温处转移至高温处,达到加热的效果。

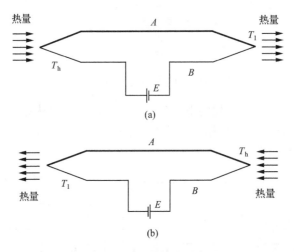

图 9-10　帕尔帖效应示意图

Troxler 等[328]利用帕尔帖元件(Peltier element,PE)对 Li-ion 电池进行加热或者冷却,控制电池的温度分布情况。图 9-11 为帕尔帖元件示意图。帕尔帖元件所产生的热量由热沉散热器带出,热沉散热器所使用的冷却剂为水。在研究电池温差对电池电阻的影响时,Troxler 等利用 PE 一端吸热、一端放热的特性,对电池的两端分别进行加热和冷却,使电池的一端温度较高,另一端温度较低,并且两端温差可以达到 40℃。

Alaoui 和 Salameh[329-331]设计了基于帕尔帖元件电池加热系统,分别对车载电池(车前和车后)和驾驶室进行加热,如图 9-12 所示。由帕尔帖元件所产生的热量传递给热沉散热器,然后通过空气分别输送至驾驶室,车前和车后电池进行加热。实验结果如图 9-13 所示,在环境温度为 17℃和电流为 4A 时,加热 20min 后,车后电池(远离帕尔帖加热装置)的温度上升至 29℃,而车前电池(靠近帕尔帖加热装

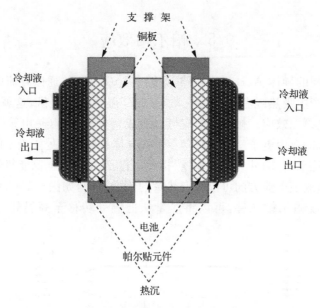

图 9-11　帕尔帖元件示意图[328]

置)的温度上升至 37℃,所消耗的电池容量为 1.5A·h,加热系统的 COP 值达到 1.036。当电流增加至 7A 时,相同条件下车前电池的最高温度上升至 44℃,此时, 加热系统的 COP 值下降为 0.6。

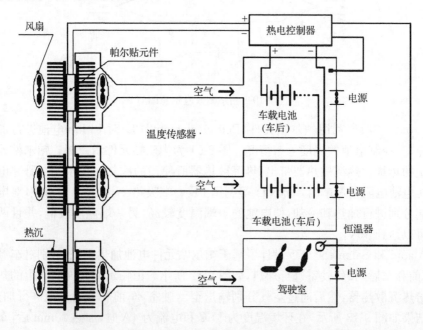

图 9-12　基于帕尔帖元件的热管理系统示意图[329-331]

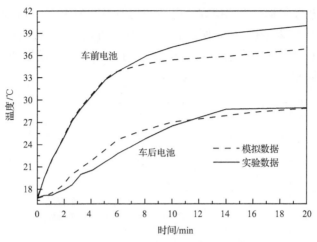

图 9-13　车前与车后电池温度变化曲线[329-331]

9.6　其他加热方式

除了上述加热方式之外，Whitacre 等[332]针对锂氟化碳（Li-CF$_{0.65}$）电池，用氟代物（SFCF$_{0.82}$）作为负极材料，发现在环境温度为－40℃，放电倍率为 0.1 C 时，电池容量为用 CF$_{1.08}$作为负极材料的商业电池的 3 倍，达到 650mA · h · g^{-1}。Lee 等[333]在电动公交车上采用热泵来加热车载装置，热泵的热源为公交车所产生的余热，利用这种加热方式可以保证电池的正常工作温度。袁昊等[334]在电池冷却实验中选择了冷却效果最好的设计，如图 9-14 所示，管径为 4mm，管间间距为

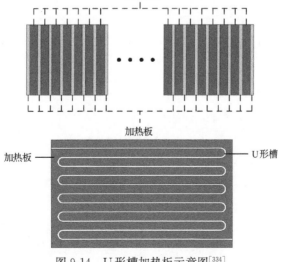

图 9-14　U 形槽加热板示意图[334]

20mm，并对其进行实验和模拟研究。电池的初始温度为 40℃，进口液体的温度为 93℃，模拟和实验结果如图 9-15 所示。从图 9-15 可以看出，在起始阶段，实验结果和模拟结果中的温度上升速率差别较大，但在 140s 左右，模拟和实验中的电池温度均达到了 80℃。

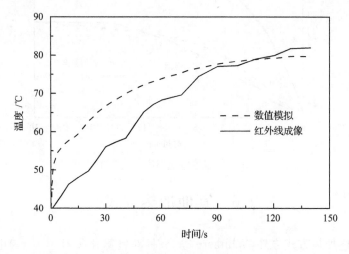

图 9-15　U 形槽板式加热系统电池温度变化曲线[334]

参 考 文 献

[1] BP Statistical Review of World Energy June 2014. http://www. bp. com/content/dam/bp/pdf/Energy-economics/statistical-review-2014.

[2] Dan Y,Gao D S,Yu G,et al. Investigation of the treatment of particulate matter from gasoline engine exhaust using non-thermal plasma. Journal of Hazardous Materials,2005,127(1-3):149-155.

[3] Lin Y C,Liu S H,Chen Y M. A new alternative paraffinic-palmbiodiesel fuel for reducing polychlorinated dibenzo-p-dioxin/dibenzofuran emissions from heavy-duty diesel engines. Journal of Hazardous Materials, 2011,185:1-7.

[4] Sandy Thomas C E. Transportation options in a carbon-constrained world:hybrids,plug-in hybrids,biofuels,fuel cell electric vehicles,and battery electric vehicles. International Journal of Hydrogen Energy, 2009,34(23):9279-9296.

[5] Ross Morrow W,Gallagher K S,Collantes G,et al. Analysis of policies to reduce oil consumption and greenhouse-gas emissions from the US transportation sector. Energy Policy,2010,38(3):1305-1320.

[6] Offer G J,Howey D,Contestabile M,et al. Comparative analysis of battery electric,hydrogen fuel cell and hybrid vehicles in a future sustainable road transport system. Energy Policy,2010,38(1):24-29.

[7] Liu C,Li F,Ma L P,et al. Advanced materials for energy storage. Advanced Materials,2010,22(8): 28-62.

[8] Dutil Y,Rousse D R,Salah N B,et al. A review on phase-change materials:mathematical modeling and simulations. Renewable and Sustainable Energy Reviews,2011,15(1):112-130.

[9] Yuan C Q,Liu S F,Fang Z G,et al. Research on the energy-saving effect of energy policies in China: 1982—2006. Energy Policy,2009,37(7):2475-2480.

[10] Wang Z,Jin Y F,Wang M,et al. New fuel consumption standards for Chinese passenger vehicles and their effects on reductions of oil use and CO_2 emissions of the Chinese passenger vehicle fleet. Energy Policy,2010,38(9):5242-5250.

[11] Kromer M A. Electric Powertrains:Opportunities and Challenges in the US Light-Duty Vehicle Fleet. Cambridge:Massachusetts Institute of Technology,2007.

[12] 陈翌,孔德洋. 德国新能源汽车产业政策及其启示. 德国研究,2014,29(1):71-81.

[13] 张天舒. 日本新能源汽车发展及对我国的启示. 可再生能源,2014,32(2):246-252.

[14] 辛木. 汽车节能及我国近期发展重点. 交通世界,2009,10:32-35.

[15] Eaves S,Eaves J. A cost comparison of fuel-cell and battery electric vehicles. Journal of Power Sources, 2004,130(1/2):208-212.

[16] Chau K T,Wong Y S,Chan C C. An overview of energy sources for electric vehicles. Energy Conversion and Management,1999,40(10):1021-1039.

[17] Andersen P H,Mathews J A,Rask M. Integrating private transport into renewable energy policy:the strategy of creating intelligent recharging grids for electric vehicles. Energy Policy, 2009, 37 (7): 2481-2486.

[18] Baptista P,Tomás M,Silva C. Plug-in hybrid fuel cell vehicles market penetration scenarios. International Journal of Hydrogen Energy,2010,35(18):10024-10030.

[19] Stephen B,David P,Paul S. Electric vehicles:the role and importance of standards in an emerging market. Energy Policy,2010,38(7):3797-3806.

[20] Cooper A. Development of a lead-acid battery for a hybrid electric vehicle. Journal of Power Sources, 2004,133(1):116-125.

[21] Arai J,Yamaki T,Yamauchi S,et al. Development of a high power lithium secondary battery for hybrid electric vehicles. Journal of Power Sources,2005,146(1/2):788-792.

[22] Kohno K,Koishikawa Y,Yagi Y,et al. Development of an Aluminum-laminated Lithium-ion battery for hybrid electric vehicle application. Journal of Power Sources,2008,185(1):554-558.

[23] Gifford P,Adams J,Corrigan D,et al. Development of advanced nickel metal hydride batteries for electric and hybrid vehicles. Journal of Power Sources,1999,80(1/2):157-163.

[24] Iwahori T,Mitsuishi I,Shiraga S,et al. Development of lithium ion and lithium polymer batteries for electric vehicle and home-use load leveling system application. Electrochimica Acta,2000,45(8/9):1509-1512.

[25] Terada N,Yanagi T,Arai S,et al. Development of lithium batteries for energy storage and EV applications. Journal of Power Sources,2001,100(1/2):80-92.

[26] Moseley P T. Characteristics of a high-performance lead/acid battery for electric vehicles-an ALABC view. Journal of Power Sources,1997,67(1/2):115-119.

[27] Moseley P T,Cooper A. Progress towards an advanced lead-acid battery for use in electric vehicles. Journal of Power Sources,1999,78(1/2):244-250.

[28] Moseley P T,Bonnet B,Cooper A,et al. Lead-acid battery chemistry adapted for hybrid electric vehicle duty. Journal of Power Sources,2007,174(1):49-53.

[29] McAllister S D,Patankar S N,Cheng I F,et al. Lead dioxide coated hollow glass microspheres as conductive additives for lead acid batteries. Scripta Materialia,2009,61(4):375-378.

[30] May G J,Maleschitz N,Diermaier H,et al. The optimisation of grid designs for valve-regulated lead/acid batteries for hybrid electric vehicle applications. Journal of Power Sources,2010,195(14):4520-4524.

[31] Zhan F,Jiang L J,Wu B R. Characteristics of Ni/MH power batteries and its application to electric vehicles. Journal of Alloys and Compounds,1999,295:804-808.

[32] Khateeb S A,Farid M M,Selman J R,et al. Design and simulation of a lithium-ion battery with a phase change material thermal management system for an electric scooter. Journal of Power Sources,2004, 128(2):292-307.

[33] Pesaran A A. Battery thermal models for hybrid vehicle simulations. Journal of Power Sources,2002, 110(2):377-382.

[34] 饶中浩. 基于固液相变传热介质的动力电池热管理研究. 广州:华南理工大学,2013.

[35] Somogye R. An Aging Model of Ni-MH Batteries for Use in Hybrid-Electric Vehicles. Columbus:The Ohio State University,2004.

[36] Pesaran A A. Battery thermal management in EVs and HEVs:Issues and solutions. Nevada,Advanced Automotive Battery Conference,2001.

[37] Kimoto S,Kanamaru K,Ikoma M. Battery cooling technology in nickel/metal-hydride battery for hybrid electric vehicles. California,The Thirteenth Annual Battery Conference on Applications and Advances,1998.

[38] Ramadass P,Haran B,White R,et al. Capacity fade of Sony 18650 cells cycled at elevated temperatures Part Ⅱ. Capacity fade analysis. Journal of Power Sources,2002,112(2):614-620.

[39] Sarre G, Blanchard P, Broussely M. Aging of lithium-ion batteries. Journal of Power Sources, 2004, 127(1-2):65-71.

[40] Wu M S, Chiang P C J. High-rate capability of lithium-ion batteries after storing at elevated temperature. Electrochimica Acta, 2007, 52(11):3719-25.

[41] 黎火林, 苏金然. 锂离子电池循环寿命预计模型的研究. 电源技术, 2008, 32(4):242-246.

[42] Sato N. Thermal behavior analysis of lithium-ion batteries for electric and hybrid vehicles. Journal of Power Sources, 2001, 99(1/2):70-77.

[43] 凌子夜, 方晓明, 汪双凤, 等. 相变材料用于锂离子电池热管理系统的研究进展. 储能科学与技术, 2013, 2(5):451-460.

[44] Williford R E, Viswanathan V V, Zhang J G. Effects of entropy changes in anodes and cathodes on the thermal behavior of lithium ion batteries. Journal of Power Sources, 2009, 189(1):101-107.

[45] Tamura K, Horiba T. Large-scale development of lithium batteries for electric vehicles and electric power storage applications. Journal of Power Sources, 1999, 82:156-161.

[46] Onda K, Ohshima T, Nakayama M, et al. Thermal behavior of small lithium-ion battery during rapid charge and discharge cycles. Journal of Power Sources, 2006, 158(1):535-542.

[47] Leising R A, Palazzo M J, Takeuchi E S, et al. A study of the overcharge reaction of lithium-ion batteries. Journal of Power Sources, 2001, 97-8:681-683.

[48] Huang Q, Yan M M, Jiang Z Y. Thermal study on single electrodes in lithium-ion battery. Journal of Power Sources, 2006, 156(2):541-546.

[49] Hande A. Internal battery temperature estimation using series battery resistance measurements during cold temperatures. Journal of Power Sources, 2006, 158(2):1039-46.

[50] Stuart T A, Hande A. HEV battery heating using AC currents. Journal of Power Sources, 2004, 129(2):368-378.

[51] 李平, 安富强, 张剑波, 等. 电动汽车用锂离子电池的温度敏感性研究综述. 汽车安全与节能学报, 2014, 5(3):224-237.

[52] Duan X, Naterer G F. Heat transfer in phase change materials for thermal management of electric vehicle battery modules. International Journal of Heat and Mass Transfer, 2010, 53(23/24):5176-5182.

[53] Pesaran A A, Vlahinos A, Burch S D. Thermal performance of EV and HEV battery modules and packs. Florida, 14th International Electric Vehicle Symposium, 1997.

[54] Pesaran A A, Burch S, Keyser M. An approach for designing thermal management systems for electric and hybrid vehicle battery packs. London, Fourth Vehicle Thermal Management Systems Conference and Exhibition, 1999.

[55] Gould I. Thermal management of battery systems. Journal of Power Sources, 1984, 11(3/4):265-266.

[56] Eck G. Design of the thermal management systems for sodium-sulphur traction batteries using battery models. Journal of Power Sources, 1986, 17(1-3):226-227.

[57] Patnaik R S M, Ganesh S, Ashok G. Heat management in aluminium/air batteries:sources of heat. Journal of Power Sources, 1994, 50(3):331-342.

[58] Gruenstern R G, Bast R J, Julin A. Thermal management of rechargeable batteries. Journal of Power Sources, 1997, 66(1/2):190.

[59] Zhang Z L, Zhong M H, Liu F M, et al. Heat dissipation from a Ni-MH battery during charge and discharge with a secondary electrode reaction. Journal of Power Sources, 1998, 70(2):576-580.

［60］ Motorola I. Method and apparatus for controlling thermal runaway. Journal of Power Sources,1998, 70(2):301-2.

［61］ Arai J,Matsuo A,Fujisaki T,et al. A novel high temperature stable lithium salt ($Li_2B_{12}F_{12}$) for lithium ion batteries. Journal of Power Sources,2009,193(2):851-854.

［62］ Khateeba S A,Amiruddina S. Thermal management of Li-ion battery with phase changematerial for electric scooters:experimental validation. Journal of Power Sources,2005,142:345-355.

［63］ Sabbah R,Kizilel R,Selman J R,et al. Active(air-cooled) vs. passive (phase change material) thermal management of high power lithium-ion packs:limitation of temperature rise and uniformity of temperature distribution. Journal of Power Sources,2008,182(2):630-638.

［64］ Kise M,Yoshioka S,Hamano K,et al. Development of new safe electrode for lithium rechargeable battery. Journal of Power Sources,2005,146(1/2):775-778.

［65］ Kise M,Yoshioka S,Kuriki H. Relation between composition of the positive electrode and cell performance and safety of lithium-ion PTC batteries. Journal of Power Sources,2007,174(2):861-866.

［66］ Yoshizawa H,Ikoma M. Thermal stabilities of lithium magnesium cobalt oxides for high safety lithium-ion batteries. Journal of Power Sources,2005,146(1/2):121-124.

［67］ Wang Q S,Sun J H. Enhancing the safety of lithium ion batteries by 4-isopropyl phenyl diphenyl phosphate. Materials Letters,2007,61(16):3338-3340.

［68］ Arai J,Matsuo A,Fujisuki T,et al. A novel high temperature stable lithium salt($Li_2B_{12}F_{12}$) for lithiumi-on batteries. Journal of Power Sources,2009,193(2):851-854.

［69］ Ravdel B,Abraham K M,Gitzendanner R,et al. Thermal stability of lithium-ion battery electrolytes. Journal of Power Sources,2003,119:805-810.

［70］ Ma S H,Noguchi H. High temperature electrochemical behaviors of ramsdellite $Li_2Ti_3O_7$ and its Fe-doped derivatives for lithium ion batteries. Journal of Power Sources,2006,161(2):1297-1301.

［71］ Lackner A M,Sherman E,Braatz P O,et al. High performance plastic lithium-ion battery cells for hybrid vehicles. Journal of Power Sources,2002,104(1):1-6.

［72］ Xu K,Zhang S S,Allen J L,et al. Nonflammable electrolytes for Li-ion batteries based on a fluorinated phosphate. Journal of the Electrochemical Society,2002,149(8):1079-1082.

［73］ Arai J. A novel non-flammable electrolyte containing methyl nonafluorobutyl ether for lithium secondary batteries. Journal of Applied Electrochemistry,2002,32(10):1071-1079.

［74］ Zhang S S,Xu K,Jow T R. Tris (2,2,2-trifluoroethyl) phosphite as a co-solvent for nonflammable electrolytes in Li-ion batteries. Journal of Power Sources,2003,113(1):166-172.

［75］ Yoshimoto N,Niida Y,Egashira M,et al. Nonflammable gel electrolyte containing alkyl phosphate for rechargeable lithium batteries. Journal of Power Sources,2006,163(1):238-242.

［76］ Yoshimoto N,Gotoh D,Egashira M,et al. Alkylphosphate-based nonflammable gel electrolyte for $LiMn_2O_4$ positive electrode in lithium-ion battery. Journal of Power Sources,2008,185(2):1425-1428.

［77］ Feng J K,Sun X J,Ai X P,et al. Dimethyl methyl phosphate:a new nonflammable electrolyte solvent for lithium-ion batteries. Journal of Power Sources,2008,184(2):570-573.

［78］ Wu L,Song Z P,Liu L S,et al. A new phosphate-based nonflammable electrolyte solvent for Li-ion batteries. Journal of Power Sources,2009,188(2):570-573.

［79］ Sazhin S V,Harrup M K,Gering K L. Characterization of low-flammability electrolytes for lithium-ion batteries. Journal of Power Sources,2011,196(7):3433-3438.

[80] Zahran R R. Thermal conductivity of copper reinforced carbon electrodes. Journal of Power Sources, 1990,10(3):93-8.

[81] Zahran R R. Thermal conductivity of aluminum reinforced graphite electrodes. Journal of Power Sources,1990,10(4/5):187-190.

[82] Maleki H,Selman J R,Dinwiddie R B,et al. High thermal conductivity negative electrode material for lithium-ion batteries. Journal of Power Sources,2001,94(1):26-35.

[83] 饶中浩. 锂离子动力电池强化传热关键技术研究. 广州:广东工业大学,2010.

[84] Kitoh K,Nemoto H. 100 W・h large size Li-ion batteries and safety tests. Journal of Power Sources, 1999,82:887-890.

[85] 马莉. 锂离子电池用微孔型聚合物电解质的研究. 广州:广东工业大学,2008.

[86] Maleki H,Deng G P,Anani A,et al. Thermal stability studies of Li-ion cells and components. Journal of the Electrochemical Society,1999,146(9):3224-3229.

[87] Zhang Z,Fouchard D,Rea J R. Differential scanning calorimetry material studies:implications for the safety of lithium-ion cells. Journal of Power Sources,1998,70(1):16-20.

[88] Richard M N,Dahn J R. Predicting electrical and thermal abuse behaviours of practical lithium-ion cells from accelerating rate calorimeter studies on small samples in electrolyte. Journal of Power Sources, 1999,79(2):135-142.

[89] 黄倩. 锂离子电池的热效应及其安全性能的研究. 上海:复旦大学,2007.

[90] Schilling O,Dahn J R. Thermodynamic stability of chemically delithiated Li(Li$_x$Mn$_{2-x}$)O$_4$. Journal of the Electrochemical Society,1998,145(2):569-575.

[91] MacNeil D D,Dahn J R. Test of reaction kinetics using both differential scanning and accelerating rate calorimetries as applied to the reaction of Li$_x$CoO$_2$ in non-aqueous electrolyte. Journal of Physical Chemistry A,2001,105(18):4430-4439.

[92] Venkatachalapathy R,Lee C W,Lu W Q,et al. Thermal investigations of transitional metal oxide cathodes in Li-ion cells. Electrochemistry Communications,2000,2(2):104-107.

[93] Biensan P,Simon B,Peres J P,et al. On safety of lithium-ion cells. Journal of Power Sources,1999,82: 906-912.

[94] 田爽. 锂离子电池的热特性研究. 天津:天津大学,2007.

[95] Maleki H,Deng G,Anani A. Thermal stability studies of Li-ion celia and components. Journal of the Electrochemical Society,1999,146(9):3224-3229.

[96] Richard M N,Dahn J R. Predicting dectfical and thermal abuse behaviours of practical lithium-ion cells from aceeleratinz rate calorimeter studies on small samples in electrolyte. Journal of Power Sources, 1999,79(2):135-142.

[97] 王青松,孙金华,陈思凝,等. 锂离子电池热安全性的研究进展. 电池,2005,35(3):240-241.

[98] MacNeil D D,Dahn J R. The reaction of charged cathodes with nonaqueous solvents and electrolytes-Ⅱ. LiMn$_2$O$_4$ charged to 4. 2 V. Journal of the Electrochemical Society,2001,148(11):1211-1215.

[99] 陈立泉. 锂离子电池正极材料的研究进展. 电池,2002,32(S1):6-8.

[100] Sacken U V,Nodwell E,Sundher A. Comparative thermal stability of carbon interealation anodes and lithium metal anodes for rechargeable lithium batteries. Solid State Ionies,1994,69:284-290.

[101] Gu P,Cai R,Zhou Y,et al. Si/C composite lithium-ion battery anodes synthesized from coarse silicon and citric acid through combined ball milling and thermal pyrolysis. Electrochimica Acta,2010,55(12):

3876-3883.

[102] Persaran A, Vlahinos A, Stuart T A. Cooling and preheating of batteries in hybrid electric vehicles. Hawaii, The 6th ASME-JSME Thermal Engineering Joint Conference, 2003.

[103] Biensan P, Simon B, Pcres J P. On safety of lithium-ion cells. Journal of Power Sources, 1999, 81/82: 906-912.

[104] Wang C Y, Srinivasan V. Computational battery dynamics (CBD)——electrochemical/thermal coupled modeling and multi-scale modeling. Journal of Power Sources, 2002, 110(2): 364-376.

[105] 杨世铭, 陶文铨. 传热学. 4 版. 北京: 高等教育出版社, 2006.

[106] Hong J S, Maleki H, Al-Hallaj S. Electrochemical-calorimetries tudies of lithium-ion cells. Journal of the Electrochemical Society, 1998, 145(5): 1489-1501.

[107] Catherino H A. Complexity in battery systems: thermal runaway in VRLA batteries. Journal of Power Sources, 2006, 158(2): 977-986.

[108] Inui Y, Kobayashi Y, Watanabe Y, et al. Simulation of temperature distribution in cylindrical and prismatic lithium ion secondary batteries. Energy Conversion and Management, 2007, 48(7): 2103-2109.

[109] Johnson V H. Battery performance models in ADVISOR. Journal of Power Sources, 2002, 110(2): 321-329.

[110] Al-Hallaj S, Maleki H, Hong J S, et al. Thermal modeling and design considerations of lithium-ion batteries. Journal of Power Sources, 1999, 83(1/2): 1-8.

[111] Forgez C, Vinh Do D, Friedrich G, et al. Thermal modeling of a cylindrical LiFePO$_4$/graphite lithium-ion battery. Journal of Power Sources, 2010, 195(9): 2961-2968.

[112] Smith K, Wang C Y. Power and thermal characterization of a lithium-ion battery pack for hybrid-electric vehicles. Journal of Power Sources, 2006, 160(1): 662-673.

[113] Wu M S, Liu K H, Wang Y Y, et al. Heat dissipation design for lithium-ion batteries. Journal of Power Sources, 2002, 109(1): 160-166.

[114] Kim G H, Pesaran A, Spotnitz R. A three-dimensional thermal abuse model for lithium-ion cells. Journal of Power Sources, 2007, 170(2): 476-489.

[115] Lee D H, Kim U S, Shin C B, et al. Modelling of the thermal behaviour of an ultracapacitor for a 42V automotive electrical system. Journal of Power Sources, 2008, 175(1): 664-668.

[116] Kim U S, Shin C B, Kim C S. Effect of electrode configuration on the thermal behavior of a lithium-polymer battery. Journal of Power Sources, 2008, 180(2): 909-916.

[117] Newman J, Tiedemann W. Potential and current distribution in electrochemical cells interpretation of the half-cell voltage measurements as a function of reference-electrode location. Journal of the Electrochemical Society, 1993, 140(7): 1961-1968.

[118] Gu H. Mathematical analysis of a Zn/NiOOH cell. Journal of the Electrochemical Society, 1983, 130(7): 1459-1464.

[119] Chen Y F, Song L, Evans J W. Modeling studies on battery thermal behaviour, thermal runaway, thermal management, and energy efficiency. DC, Proceedings of the 31st Intersociety Energy Conversion Engineering Conference, 1996.

[120] Jung D Y, Lee B H, Kim S W. Development of battery management system for nickel-metal hydride batteries in electric vehicle applications. Journal of Power Sources, 2002, 109(1): 1-10.

[121] Zolot M, Pesaran A A, Mihalic M. Thermal evaluation of Toyota prius battery pack. Hyatt Crystal City, Future Car Congress, 2002.

[122] Mahamud R,Park C. Reciprocating air flow for Li-ion battery thermal management to improve temperature uniformity. Journal of Power Sources,2011,196(13):5685-96.

[123] 焦洪杰,宋健,蔡世芳,等. 混合动力汽车用镍氢电池组通风冷却装置:中国,ZL 01270981.6,2002.

[124] 楼英莺. 混合动力车用镍氢电池散热系统研究. 上海:上海交通大学,2007.

[125] 梁昌杰. 混合动力车用镍氢电池组散热性能 CFD 仿真与试验研究. 重庆:重庆大学,2010.

[126] 许超. 混合动力客车电池包散热系统研究. 上海:上海交通大学,2010.

[127] 付正阳,林成涛,陈全世. 电动汽车电池组热管理系统的关键技术. 公路交通科技,2005,22(3):119-123.

[128] 齐晓霞,王文,邵力清. 混合动力电动车用电源热管理的技术现状. 电源技术,2005,29(3):178-181.

[129] He F,Li X,Ma L. Combined experimental and numerical study of thermal management of battery module consisting of multiple Li-ion cells. International Journal of Heat and Mass Transfer,2014,72:622-629.

[130] Li X S,He F,Ma L. Thermal management of cylindrical batteries investigated using wind tunnel testing and computational fluid dynamics simulation. Journal of Power Sources,2013,238:395-402.

[131] Liu Z M,Wang Y X,Zhang J G,et al. Shortcut computation for the thermal management of a large air-cooled battery pack. Applied Thermal Engineering,2014,66(1/2):445-452.

[132] Heesung P. A design of air flow configuration for cooling lithium ion battery in hybrid electric vehicles. Journal of Power Sources,2013,239:30-36.

[133] 眭艳辉,王文,夏保佳,等. 混合动力汽车动力电池组散热特性实验研究. 制冷技术,2009,2:16-21.

[134] Choi K W,Yao N P. Heat transfer in lead-acid batteries designed for electric-vehicle propulsion application. Journal of the Electrochemical Society,1979,126(8):1321-1328.

[135] Chen Y F,Evans J W. Heat transfer phenomena in lithium/polymer-electrolyte batteries for electric vehicle application. Journal of the Electrochemical Society,1993,140(7):1833-1838.

[136] Nelson P,Dees D,Amine K,et al. Modeling thermal management of lithium-ion PNGV batteries. Journal of Power Sources,2002,110(2):349-356.

[137] Chen S C,Wan C C,Wang Y Y. Thermal analysis of lithium-ion batteries. Journal of Power Sources,2005,140(1):111-124.

[138] Harmel J,Ohms D,Guth U,et al. Investigation of the heat balance of bipolar NiMH-batteries. Journal of Power Sources,2006,155(1):88-93.

[139] Kim G H,Pesaran A A. Battery thermal management system design modeling. Yokohama,22nd International Battery,Hybrid and Fuel Cell Electric Vehicle Conference and Exhibition,2006.

[140] 王建群,南金瑞,孙逢春. 一种电动汽车电池风扇网格化控制技术:中国,CN 1570799A,2001.

[141] 王坤俊,刘明剑,汪伟,等. 一种用于串联式混合动力客车的动力电池通风方式与装置:中国,CN 10136967A,2009.

[142] Kuwana Y M,Chiryu Y I. Battery cooling apparatus with sufficient cooling capacity:US7152 417 B2,2006.

[143] Kakogawa H S. Battery array for cooling battery modules with cooling air:US7858220B2,2010.

[144] Zhang Y Y,Zhang G Q,Wu W X,et al. Heat dissipation structure research for rectangle LiFePO₄ power battery. Heat and Mass Transfer,2014,50(7):887-893.

[145] Ramires M L,de Castro C A N,Nagasaka Y,et al. Standard reference data for the thermal conductivity of water. Journal of Physical and Chemical Reference Data,1995,24(3):1377-1381.

[146] 眭艳辉. 混合动力车用镍氢电池组散热结构研究. 上海：上海交通大学，2009.

[147] Karimi G，Li X. Thermal management of lithium-ion batteries for electric vehicles. International Journal of Energy Research，2013，37(1)：13-24.

[148] Mottard J M，Hannay C，Winandy E L. Experimental study of the thermal behavior of a water cooled Ni-Cd battery. Journal of Power Sources，2003，117(1/2)：212-222.

[149] 吴忠杰，张国庆. 混合动力车用镍氢电池的液体冷却系统. 广东工业大学学报，2008，25(4)：28-31.

[150] 张国庆，吴忠杰，张海燕. 带液体冷却系统的夹套式混合电动车电池装置：中国，CN 101222077 B，2010.

[151] Kimishima M，Echigoya H. Vehicle battery cooling apparatus：US 2002/0 043 413 A1，2002.

[152] Bitsche O，Bulling M，Duerr W，et al. Liquid-cooled battery and method for operating such a battery：US 2009/0 220 850 A1，2009.

[153] Yuan H，Wang L F，Wang L Y. Battery thermal management system with liquid cooling and heating in electric vehicles. J Automotive Safety and Energy，2012，3(4)：371-380.

[154] 徐晓明，赵又群. 基于双进双出流径液冷系统散热的电池模块热特性分析. 中国机械工程，2013，24(03)：313-321.

[155] 徐晓明，赵又群. 电动汽车冷却系统热流场的协同分析与散热性能研究. 机械工程学报，2013，49(2)：102-108.

[156] Liu R，Chen J X，Xun J Z，et al. Numerical investigation of thermal behaviors in lithium-ion battery stack discharge. Applied Energy，2014，132：288-297.

[157] Huo Y T，Rao Z H，Liu X J，et al. Investigation of power battery thermal management by using mini-channel cold plate. Energy Conversion and Management，2015，89：387-395.

[158] Jarrett A，Kim I Y. Design optimization of electric vehicle battery cooling plates for thermal performance. Journal of Power Sources，2011，196(23)：10359-10368.

[159] Jarrett A，Kim I Y. Influence of operating conditions on the optimum design of electric vehicle battery cooling plates. Journal of Power Sources，2014，245：644-655.

[160] Jin L W，Lee P S，Kong X X，et al. Ultra-thin minichannel LCP for EV battery thermal management. Applied Energy，2014，113：1786-1794.

[161] Rao Z H，Zhang Y L，Wang S F. Energy saving of power battery by liquid single-phase convective heat transfer. Energy Education Science & Technology，Part：A Energy Science and Research. 2012，30(1)：103-112.

[162] Al-Hallaj S，Selman J R. A novel thermal management system for electric vehicle batteries using phase-change material. Journal of the Electrochemical Society，2000，147(9)：3231-3236.

[163] Selman J R，Al-Hallaj S，Uchida I，et al. Cooperative research on safety fundamentals of lithium batteries. Journal of Power Sources，2001，97(8)：726-732.

[164] Mills A，Al-Hallaj S. Simulation of passive thermal management system for lithium-ion battery packs. Journal of Power Sources，2005，141(2)：307-315.

[165] Kizilel R，Lateef A，Sabbah R，et al. Passive control of temperature excursion and uniformity in high-energy Li-ion battery packs at high current and ambient temperature. Journal of Power Sources，2008，183(1)：370-375.

[166] Kizilel R，Sabbah R，Selman J R，et al. An alternative cooling system to enhance the safety of Li-ion battery packs. Journal of Power Sources，2009，194(2)：1105-1112.

[167] 张国庆,饶中浩,吴忠杰,等. 采用相变材料冷却的动力电池组的散热性能. 化工进展,2009,28(1): 23-26.

[168] Rao Z H,Zhang G Q. Thermal properties of paraffin wax-based composites containing graphite. Energy Sources Part a-Recovery Utilization and Environmental Effects,2011,33(7):587-593.

[169] 饶中浩,吴忠杰,张国庆. 一种带有相变材料冷却系统的动力电池装置:中国,ZL 200920055746. 7,2010.

[170] 张国庆,张海燕. 相变储能材料在电池热管理系统中的应用研究进展. 材料导报,2006,20(8):9-12.

[171] Khateeb S A,Amiruddin S,Farid M,et al. Thermal management of Li-ion battery with phase change material for electric scooters:experimental validation. Journal of Power Sources, 2005, 142 (1/2): 345-353.

[172] Al-Hallaj S,Selman J R. Thermal modeling of secondary lithium batteries for electric vehicle/hybrid electric vehicle applications. Journal of Power Sources,2002,110(2):341-348.

[173] Zhang X W. Thermal analysis of a cylindrical lithium-ion battery. Electrochimica Acta,2011,56(3): 1246-1255.

[174] Ramandi M Y,Dincer I,Naterer G F. Heat transfer and thermal management of electric vehicle batteries with phase change materials. Heat and Mass Transfer,2011,47(7):777-788.

[175] Chacko S,Chung Y M. Thermal modelling of Li-ion polymer battery for electric vehicle drive cycles. Journal of Power Sources,2012,213:296-303.

[176] 饶中浩,汪双凤,洪思慧,等. 电动汽车动力电热管理实验与数值分析. 工程热物理学报,2013,34(6): 1157-1160.

[177] Rao Z H,Wang S F,Zhang Y L. Simulation of heat dissipation with phase change material for cylindrical power battery. Journal of the Energy Institute,2012,85(1):38-43.

[178] Rao Z H,Wang S F,Zhang G Q. Simulation and experiment of thermal energy management with phase change material for ageing LiFePO$_4$ power battery. Energy Conversion and Management,2011,52(12): 3408-3414.

[179] Zhang G Q,Zhang Y Y,Rao Z H. Phase change materials coupled with copper foam for thermal management of lithium-ion battery. Advanced Science,Engineering and Medicine,2012,4(6):484-487.

[180] 张江云. 基于相变散热的动力电池热管理技术研究. 广州:广东工业大学,2013.

[181] Alrashdan A,Mayyas A T,Al-Hallaj S. Thermo-mechanical behaviors of the expanded graphite-phase change material matrix used for thermal management of Li-ion battery packs. Journal of Materials Processing Technology,2010,210(1):174-179.

[182] Akhilesh R,Narasimhan A,Balaji C. Method to improve geometry for heat transfer enhancement in PCM composite heat sinks. International Journal of Heat and Mass Transfer,2005,48(13):2759-2770.

[183] Shatikian V,Ziskind G,Letan R. Numerical investigation of a PCM-based heat sink with internal fins. International Journal of Heat and Mass Transfer,2005,48(17):3689-3706.

[184] Wang X Q,Mujumdar A S,Yap C. Effect of orientation for phase change material (PCM)-based heat sinks for transient thermal management of electric components. International Communications in Heat and Mass Transfer,2007,34(7):801-808.

[185] Wang X Q,Yap C,Mujumdar A S. A parametric study of phase change material (PCM)-based heat sinks. International Journal of Thermal Sciences,2008,47(8):1055-1068.

[186] 徐祖耀. 相变原理. 北京:科学出版社,2000.

[187] 陈嘉巍. RT42/聚合物纳米相变胶囊乳液研究. 广州：华南理工大学，2012.

[188] Zalba B，Marín J M，Cabeza L F，et al. Review on thermal energy storage with phase change：Materials，heat transfer analysis and applications. Applied Thermal Engineering，2003，23(3)：251-283.

[189] 王婷玉. 水合盐微胶囊相变储能材料的制备及其热物性研究. 广州：广东工业大学，2013.

[190] Khudhair A M，Farid M M. A review on energy conservation in building applications with thermal storage by latent heat using phase change materials. Energy Conversion and Management，2004，45(2)：263-275.

[191] Sharma A，Tyagi V V，Chen C R，et al. Review on thermal energy storage with phase change materials and applications. Renewable and Sustainable Energy Reviews，2009，13(2)：318-345.

[192] 邹复炳. 石蜡类相变材料传热性能研究. 上海：上海海事大学，2006.

[193] Farid M M，Khudhair A M，Razack S A K，et al. A review on phase change energy storage：materials and applications. Energy Conversion and Management，2004，45(9/10)：1597-1615.

[194] Baetens R，Jelle B P，Gustavsen A. Phase change materials for building applications：a state-of-the-art review. Energy and Buildings，2010，42(9)：1361-1368.

[195] Kalaiselvam S，Parameshwaran R，Harikrishnan S. Analytical and experimental investigations of nanoparticles embedded phase change materials for cooling application in modern buildings. Renewable Energy，2012，39(1)：375-387.

[196] Khodadadi J M，Hosseinizadeh S F. Nanoparticle-enhanced phase change materials (NEPCM) with great potential for improved thermal energy storage. International Communications in Heat and Mass Transfer，2007，34(5)：534-543.

[197] Wu S Y，Zhu D S，Zhang X R，et al. Preparation and melting/freezing characteristics of Cu/paraffin nanofluid as phase-change material (PCM). Energy & Fuels，2010，24：1894-1898.

[198] Siahpush A，O'Brien J，Crepeau J. Phase change heat transfer enhancement using copper porous foam. Journal of Heat Transfer，2008，130(8)：11.

[199] Fukai J，Hamada Y，Morozumi Y，et al. Effect of carbon-fiber brushes on conductive heat transfer in phase change materials. International Journal of Heat and Mass Transfer，2002，45：4781-4792.

[200] Yu X，Cui Y B，Liu C H，et al. The experimental exploration of carbon nanofiber and carbon nanotube additives on thermal behavior of phase change materials. Solar Energy Materials and Solar Cells，2011，95(4)：1208-1212.

[201] Elgafy A，Lafdi K. Effect of carbon nanofiber additives on thermal behavior of phase change materials. Carbon，2005，43(15)：3067-3074.

[202] Hawlader M N A，Uddin M S，Khin M M. Microencapsulated PCM thermal-energy storage system. Applied Energy，2003，74(1/2)：195-202.

[203] Rao Y，Lin G P，Luo Y，et al. Preparation and thermal properties of microencapsulated phase change material for enhancing fluid flow heat transfer. Heat Transfer——Asian Research，2007，36(1)：28-37.

[204] Fang Y T，Kuang S Y，Gao X N，et al. Preparation and characterization of novel nanoencapsulated phase change materials. Energy Conversion and Management，2008，49(12)：3704-3707.

[205] Wang J P，Zhang X X，Wang X C. Preparation，characterization and permeation kinetics description of calcium alginate macro-capsules containing shape-stabilize phase change materials. Renewable Energy，2011，36(11)：2984-2991.

[206] Rao Z H，Zhang G Q，Wu Z J. Thermal properties of paraffin/graphite composite phase change materi-

als in battery thermal management system. Energy Materials: Materials Science and Engineering for Energy Systems,2009,4(3):141-144.

[207] 邱美鸽. 导热增强型相变储能材料的制备及性能研究. 大连:大连理工大学,2012.

[208] Eastman J A,Choi S U S,Li S,et al. Anomalously increased effective thermal conductivities of ethylene glycol-based nanofluids containing copper nanoparticles. Applied Physics Letters, 2001, 78 (6): 718-720.

[209] 龙建佑,朱冬生,何钦波,等. 低温相变纳米流体蓄冷特性研究. 暖通空调,2006,(6):6-9.

[210] 胡娃萍. 高传热性有机相变材料的制备与性能研究. 武汉:武汉理工大学,2012.

[211] Ismail K A R,Alves C L F,Modesto M S. Numerical and experimental study on the solidification of PCM around a vertical axially finned isothermal cylinder. Applied Thermal Engineering,2001,21(1): 53-77.

[212] Liu Z L,Sun X,Ma C F. Experimental investigations on the characteristics of melting processes of stearic acid in an annulus and its thermal conductivity enhancement by fins. Energy Conversion and Management,2005,46(6):959-969.

[213] Velraj R,Seeniraj R V,Hafner B,et al. Experimental analysis and numerical modelling of inward solidification on a finned vertical tube for a latent heat storage unit. Solar Energy,1997,60(5):281-290.

[214] Ettouney H M,Alatiqi I,Al-Sahali M,et al. Heat transfer enhancement by metal screens and metal spheres in phase change energy storage systems. Renewable Energy,2004,29(6):841-860.

[215] 刘臣臻,张国庆,王子缘,等. 膨胀石墨/石蜡复合材料的制备及其在动力电池热管理系统中的散热特性. 新能源进展,2014,2(3):233-238.

[216] Zhang Z G,Fang X M. Study on paraffin/expanded graphite composite phase change thermal energy storage material. Energy Conversion and Management,2006,47(3):303-310.

[217] Xavier Py X,Olives R,Mauran S. Paraffin/porous-graphite-matrix composite as a high and constant power thermal storage material. International Journal of Heat and Mass Transfer, 2001, 44 (14): 2727-2737.

[218] Sari A,Karaipekli A. Thermal conductivity and latent heat thermal energy storage characteristics of paraffin/expanded graphite composite as phase change material. Applied Thermal Engineering,2007, 27(8/9):1271-1277.

[219] 仲亚娟,李四仲,魏兴海,等. 不同孔隙结构的炭材料作为石蜡相变储能材料强化传热载体. 新型炭材料,2009,24(4):349-353.

[220] Zhong Y J,Guo Q G,Li S Z,et al. Heat transfer enhancement of paraffin wax using graphite foam for thermal energy storage. Solar Energy Materials and Solar Cells,2010,94(6):1011-1014.

[221] 赵明伟,左孝青,杨牧南,等. 泡沫铝-石蜡复合相变材料的蓄放热性能研究. 功能材料与器件学报, 2012,(5):391-396.

[222] 徐伟强,袁修干,李贞. 泡沫金属基复合相变材料的有效导热系数研究. 功能材料,2009,(8): 1329-1337.

[223] Karaipekli A,Sari A. Capric-myristic acid/expanded perlite composite as form-stable phase change material for latent heat thermal energy storage. Renewable Energy,2008,33(12):2599-2605.

[224] Karaipekli A,Sari A,Kaygusuz K. Thermal conductivity improvement of stearic acid using expanded graphite and carbon fiber for energy storage applications. Renewable Energy,2007,32(13):2201-2210.

[225] Fukai J,Kanou M,Kodama Y. Thermal conductivity enhancement of energy storage media using carbon

fibers. Energy Conversion and Management,2000,41:1543-1556.

[226] 李夔宁,郭宁宁,王贺. 改善相变材料导热性能研究综述. 制冷学报,2008,(6):46-50.

[227] Wang J F,Xie H Q,Xin Z,et al. Enhancing thermal conductivity of palmitic acid based phase change materials with carbon nanotubes as fillers. Solar Energy,2010,84(2):339-344.

[228] 张兴祥,王馨,吴文建,等. 相变材料胶囊制备与应用. 北京:化学工业出版社,2009.

[229] 刘婷,但卫华,但年华,等. 微胶囊的制备及其表征方法. 材料导报,2013,27(11):81-84.

[230] 袁修君. 细乳液聚合法制备纳米胶囊相变材料研究. 上海:华东理工大学,2013.

[231] 杨常光,兰孝征,纪祥娟. 界面聚合法制备正二十烷微胶囊化相变储热材料. 应用化学,2008,(10):1209-1212.

[232] 张学静,王建平,张兴祥. 细乳液界面聚合模板法制备双壁相变材料纳米胶囊. 化工新型材料,2011,(1):45-9.

[233] Ma S D,Song G L,Li W,et al. UV irradiation-initiated MMA polymerization to prepare microcapsules containing phase change paraffin. Solar Energy Materials and Solar Cells,2010,94(10):1643-1647.

[234] Alkan C,Sari A,Karaipekli A. Preparation,thermal properties and thermal reliability of microencapsulated n-eicosane as novel phase change material for thermal energy storage. Energy Conversion and Management,2011,52(1):687-692.

[235] 王刚,秦立翠,姜艳. 微胶囊相变材料制备技术的研究进展. 化学与黏合,2012,(4):77-79.

[236] Zhang X X,Tao X M,Yick K L,et al. Structure and thermal stability of microencapsulated phase-change materials. Colloid and Polymer Science,2004,282(4):330-336.

[237] Palanikkumaran M,Gupta K K,Agrawal A K,et al. Highly stable hexamethylolmelamine microcapsules containing n-octadecane prepared by in situ encapsulation. Journal of Applied Polymer Science,2009,114(5):2997-3002.

[238] 李建立,薛平. 纳米技术在相变储热领域的应用. 中国科技论文在线,2008,(4):299-305.

[239] 黄全国,杨文彬,张凯. 聚苯乙烯/石蜡相变储能微胶囊的制备和表征. 功能材料,2014,13(45):13131-13134.

[240] Sanchez L,Sanchez P,de Lucas A,et al. Micro encapsulation of PCMs with a polystyrene shell. Colloid and Polymer Science,2007,285(12):1377-1385.

[241] 许时婴,张晓鸣,夏书芹,等. 微胶囊技术:原理与应用. 北京:化学工业出版社,2006.

[242] 邢琳,方贵银,杨帆. 微胶囊相变蓄冷材料的制备及其性能研究. 真空与低温,2006,(3):153-156.

[243] Basal G,Deveci S S,Yalcin D,et al. Properties of n-eicosane-loaded silk fibroin-chitosan microcapsules. Journal of Applied Polymer Science,2011,121(4):1885-1889.

[244] Zhang G H,Zhao C Y. Thermal and rheological properties of microencapsulated phase change materials. Renewable Energy,2011,36(11):2959-2966.

[245] 刘丽,王亮,王艺斐. 基液为丙醇/水的相变微胶囊悬浮液的制备、稳定性及热物性. 功能材料,2014,1(45):1109-1113.

[246] Wang L,Lin G P,Chen H S,et al. Convective heat transfer characters of nanoparticle enhanced latent functionally thermal fluid. Science in China Series E-Technological Sciences,2009,52(6):1744-1750.

[247] 王亮,林贵平. 相变材料微胶囊表面吸附纳米颗粒对传热过程的影响. 航空动力学报,2011,(9):1947-1952.

[248] Xia L,Zhang P,Wang R Z. Preparation and thermal characterization of expanded graphite/paraffin composite phase change material. Carbon,2010,48(9):2538-2548.

[249] Zhong Y, Li S, Wei X, et al. Heat transfer enhancement of paraffin wax using compressed expanded natural graphite for thermal energy storage. Carbon, 2010, 48(1): 300-304.

[250] 杨春. 深过冷液态金属比热的分子动力学模拟及实验研究. 北京: 清华大学, 2000.

[251] 陈正隆, 徐为人, 汤立达. 分子模拟的理论与实践. 北京: 化学工业出版社, 2007.

[252] Verlet L. Computer "experiments" on classical fluids. I. thermodynamical properties of lennard-jones molecules. Physical Review, 1967, 159(1): 98-103.

[253] Kousksou T, Jamil A, El Rhafiki T. Paraffin wax mixtures as phase change materials. Solar Energy Materials and Solar Cells, 2010, 94(12): 2158-2165.

[254] Allen M P, Tildesley D J. Computer Simulation of Liquids. Oxford: Clarendon Press, 1987.

[255] van Miltenburg J C, Oonk H A J, Metivaud V. Heat capacities and derived thermodynamic functions of n-nonadecane and n-eicosane between 10 K and 390 K. Journal of Chemical and Engineering Data, 1999, 44(4): 715-720.

[256] Rao Y, Linl G, Luo Y. Preparation and thermal properties of microencapsulated phase change material for enhancing fluid flow heat transfer. Heat Transfer—Asian Research, 2007, 36(1): 28-37.

[257] Tanaka Y, Ltani Y, Kubota H. Thermal conductivity of five normal alkanes in the temperature range 283~373 K at pressures up to 250 MPa. International Journal of Thermophysics, 1988, 9(3): 331-350.

[258] Rao Z H, Wang S F, Peng F F. Molecular dynamics simulations of nano-encapsulated and nanoparticle-enhanced thermal energy storage phase change materials. International Journal of Heat and Mass Transfer, 2013, 66: 575-584.

[259] Rao Z H, Wang S F, Peng F F. Self diffusion of the nano-encapsulated phase change materials: a molecular dynamics study. Applied Energy, 2012, 100: 303-308.

[260] 殷开梁, 徐端钧, 夏庆, 等. 正十六烷体系凝固过程的分子动力学模. 物理化学学报, 2004, 20(3): 302-305.

[261] Karimi G, Culham J R. Review and assessment of pulsating heat pipe mechanism for high heat flux electronic cooling. Las Vegas, 9th Intersociety Conference on Thermal and Thermomechanical Phenomena in Electronic Systems, 2004.

[262] Riehl R R, Dutra T. Development of an experimental loop heat pipe for application in future space missions. Applied Thermal Engineering, 2005, 25(1): 101-112.

[263] Yau Y H, Ahmadzadehtalatapeh M. A review on the application of horizontal heat pipe heat exchangers in air conditioning systems in the tropics. Applied Thermal Engineering, 2010, 30(2/3): 77-84.

[264] Park Y, Jun S, Kim S, et al. Design optimization of a loop heat pipe to cool a lithium ion battery onboard a military aircraft. Journal of Mechanical Science and Technology, 2010, 24(2): 609-618.

[265] Wu M S, Huang Y H, Wang Y Y. Heat dissipation behavior of the nickel/meatl hydride battery. Journal of the Electrochemical Society, 2000, 147(3): 930-935.

[266] 张国庆, 吴忠杰, 饶中浩, 等. 动力电池热管冷却效果实验. 化工进展, 2009, 28(7): 1165-1168.

[267] Swanepoel G. Thermal management of hybrid electrical vehicles using heat pipes. Cape Town: University of Stellenbosch, 2001.

[268] Jang J C, Rhi S H. Battery thermal management system of future electric vehicles with loop thermosyphon. Seattle, US-Korea Conference on Science, Technology and Entrepreneurship (UKC), 2010.

[269] 张文明. 重力热管抽油杆室内实验研究. 大庆: 大庆石油学院, 2008.

[270] 刘刚. 重力热管的工质选择. 制冷与空调(四川), 2006, (1): 41-43.

[271] 王珂. 纯电动汽车动力电池特性及应用研究. 武汉:武汉理工大学,2011.

[272] 张维. 微小平板型环路热管在电动汽车电池散热中的应用基础研究. 广州:华南理工大学,2013.

[273] 肖园园. 微型烧结热管的制备及传热性能的实验研究. 上海:上海交通大学,2009.

[274] 马永昌,张宪峰. 热管技术的原理、应用与发展. 变频器世界,2009,(7):70-75.

[275] 钟名湖. 新型双向阀门可控热导热管研究. 现代雷达,2012,(1):82-85.

[276] 庄骏,张红. 热管技术及其工程应用. 能源研究与利用,2000,(5):41.

[277] 曹丽召. 重力热管流动与传热特性的数值模拟. 青岛:中国石油大学,2009.

[278] 王春娟. 烧结式热管吸附床的结构设计及实验研究. 大连:大连海事大学,2011.

[279] 熊建国. 小型重力型微槽道平板热管蒸发器内纳米流体沸腾换热特性的实验研究. 上海:上海交通大学,2007.

[280] 于涛. 重力热管的制造及传热性能测试. 济南:山东大学,2008.

[281] 郑攀. 应用于太阳能空调的中温热管研究. 武汉:华中科技大学,2008.

[282] 周峰. 两相闭式热虹吸管传热机理及其换热机组工作特性的研究. 北京:北京工业大学,2011.

[283] 曹双俊. 新型重力热管换热器性能实验及数值研究. 长沙:中南大学,2011.

[284] 焦波. 重力热管传热过程的数学模型及液氮温区重力热管的实验研究. 杭州:浙江大学,2009.

[285] 王晨. 用于电子冷却的平板热管均热器及其传热特性研究. 北京:北京工业大学,2013.

[286] 孙世良,郑立秋,孙世梅. 热管技术应用于燃料电池热管理系统的可行性研究. 吉林建筑工程学院学报,2011,(2):40-42.

[287] 孙志坚,王立新,王岩,等. 重力型热管散热器传热特性的实验研究. 浙江大学学报(工学版),2007,(8):1403-1405.

[288] 李西兵,李勇,汤勇,等. 烧结式微热管吸液芯的成型方法. 华南理工大学学报(自然科学版),2008(10):114-119.

[289] Maydanik Y F. Loop heat pipes. Applied Thermal Engineering,2005,25(5/6):635-657.

[290] 霍杰鹏. 平板型蒸发器环路热管传热特性研究. 广州:华南理工大学,2012.

[291] 曲燕. 环路热管技术的研究热点和发展趋势. 低温与超导,2009,(2):7-14.

[292] Liu Z C,Liu W,Nakayama A. Flow and heat transfer analysis in porous wick of CPL evaporator based on field synergy principle. Heat and Mass Transfer,2007,43(12):1273-1281.

[293] 张伟保. 环路热管的热输送性能研究. 广州:华南理工大学,2010.

[294] 林梓荣,汪双凤,吴小辉. 脉动热管技术研究进展. 化工进展,2008(10):1526-1532.

[295] Rao Z H,Huo Y T,Liu X J. Experimental study of an OHP-cooled thermal management system for electric vehicle power battery. Experimental Thermal and Fluid Science,2014,57:20-26.

[296] 林梓荣. 自激式振荡流热管热输送性能研究. 广州:华南理工大学,2012.

[297] Bogdan H,Gheorghe D,Aristotel P. Mathematical models for the study of solidification within a longitudinally finned heat pipe latent heat thermal storage system. Energy Conversion & Management, 1999,40:1765-1774.

[298] Riffat S B,Omer S A,Ma X L. A novel thermoelectric refrigeration system employing heat pipes and a phase change material:an experimental investigation. Renewable Energy,2001,23(2):313-323.

[299] Nithyanandam K,Pitchumani R. Analysis and optimization of a latent thermal energy storage system with embedded heat pipes. International Journal of Heat and Mass Transfer, 2011, 54 (21-22): 4596-4610.

[300] Shabgard H,Bergman T L,Sharifi N,et al. High temperature latent heat thermal energy storage using

heat pipes. International Journal of Heat and Mass Transfer,2010,53(15/16):2979-2988.

[301] Robak C W,Bergman T L,Faghri A. Enhancement of latent heat energy storage using embedded heat pipes. International Journal of Heat and Mass Transfer,2011,54(15/16):3476-3484.

[302] Weng Y C,Cho H P,Chang C C,et al. Heat pipe with PCM for electronic cooling. Applied Energy, 2011,88(5):1825-1833.

[303] 李炅. 二氧化碳微通道气体冷却器的流动传热特性研究. 广州:华南理工大学,2011.

[304] 李炅,张秀平,贾磊. 整体翅片式微通道换热器的数值模拟. 制冷与空调,2013,13(7):33-37.

[305] Han Y H,Liu Y,Li M,et al. A review of development of micro-channel heat exchanger applied in air-conditioning system. Energy Procedia,2012,14:148-153.

[306] 钟毅,尹建成,潘晟旻. 微通道换热器研究进展. 制冷与空调,2009,9(5):4.

[307] 丁汉新,王利,任能. 微通道换热器及其在制冷空调领域的应用前景. 制冷与空调,2011,11(4): 111-116.

[308] 黄云浩. 电子元器件相变相变热控的数值传热研究. 郑州:郑州大学,2008.

[309] 朱冬生,雷俊禧,王长宏,等. 电子元器件热电冷却技术研究进展. 微电子学,2009,39(1):7.

[310] 胡韩莹,朱冬生. 热电制冷技术的研究进展与评述. 制冷学报,2008,29(5):1-8.

[311] 王晓斐. 基于 TEC 的太阳能汽车空调辅助系统研究. 合肥:合肥工业大学,2008.

[312] Meng J H,Wang X D,Zhang X X. Transient modeling and dynamic characteristics of thermoelectric cooler. Applied Energy,2013,108:340-8.

[313] Terry M,Tritt M A S. Thermoelectric materials,phenomena and applications:a bird's eye view. Mrs Bulletin,2006,31:188-99.

[314] Riffat S B,Ma X L. Improving the coefficient of performance of thermoelectric cooling systems:a review. International Journal of Energy Research,2004,28(9):753-768.

[315] Zhao D L,Tan G. A review of thermoelectric cooling:materials,modeling and applications. Applied Thermal Engineering,2014,66(1/2):15-24.

[316] 郑万烈,何颐文,赵德永. 热电制冷的应用. 制冷技术,1986,(2):7.

[317] 施军锞,祁影霞. 太阳能技术在汽车空调上的应用. 制冷技术,2012,40(8):64-69.

[318] 沈自求. 沸腾传热研究. 大连理工大学学报,2001,41(3):253-260.

[319] van Gils R W,Danilov D,Notten P H L,et al. Battery thermal management by boiling heat-transfer. Energy Conversion and Management,2014,79:9-17.

[320] Zhang X W,Kong X,Li G J,et al. Thermodynamic assessment of active cooling/heating methods for lithium-ion batteries of electric vehicles in extreme conditions. Energy,2014,64:1092-1101.

[321] Ji Y,Wang C Y. Heating strategies for Li-ion batteries operated from subzero temperatures. Electrochimica Acta,2013,107:664-674.

[322] 王发成,张俊智,王丽芳. 车载动力电池组用空气电加热装置设计. 电源技术,2013,(7):1184-1187.

[323] Ahmad P,Andreas V,Thomas S. Cooling and preheating of batteries in hybrid electric vehicles. Hawai, The 6th ASME-JSME Thermal Engineering Joint Conference,2003.

[324] Hande A,Stuart T A. AC heating for EV/HEV Batteries. AUBURN HILL,Power Electronics in Transportation,2002.

[325] Hande A. A high frequency inverter for cold temperature battery heating. Proceedings 2004 IEEE Workshop on Computers in Power Electronics,2004.

[326] Cosley M R,Garcia M P. Battery thermal management system. Telecommunications Energy Confer-

ence//Intelec 26th Annual International,2004:19-23.

[327] Lefebvre L. Smart battery thermal management for PHEV efficiency. Oil & Gas Science and Technology—Revue d'IFP Energies nouvelles,2013,68(1):149-164.

[328] Troxler Y,Wu B,Marinescu M,et al. The effect of thermal gradients on the performance of lithium-ion batteries. Journal of Power Sources,2014,247:1018-1025.

[329] Salameh Z M,Alaoui C. Modeling and simulation of a thermal management system for electric vehicles. Roanoke,29th Annual Conference of the IEEE Industrial-Electronics-Society,2003.

[330] Alaoui C,Salameh Z M. A novel thermal management for electric and hybrid vehicles. IEEE Transactions on Vehicular Technology,2005,54(2):468-476.

[331] Alaoui C,Salameh Z M. Solid state heater cooler:design and evaluation. 2001 Large Engineering Systems Conference on Power Engineering,2001.

[332] Whitacre J F,West W C,Smart M C,et al. Enhanced low-temperature performance of Li-CF$[$sub $x]$ batteries. Electrochemical and Solid-State Letters,2007,10(7):166.

[333] Lee D Y,Cho C W,Won J P,et al. Performance characteristics of mobile heat pump for a large passenger electric vehicle. Applied Thermal Engineering,2013,50(1):660-669.

[334] 袁昊,王丽芳,王立业.基于液体冷却和加热的电动汽车电池热管理系统.汽车安全与节能学报,2012,3(4):371-380.